一只既存在又不存在的猫

——量子物理的奇妙世界

[意] 莫妮卡·马瑞利——著 储可凡 孔 颖——译

四川科学技术出版社

图书在版编目（CIP）数据

一只既存在又不存在的猫——量子物理的奇妙世界 /
(意) 莫妮卡·马瑞利著；储可凡, 孔颖翻译. -- 成都：
四川科学技术出版社, 2020.5
　　书名原文：C'era un gatto che non c'era
　　ISBN 978-7-5364-9798-6

Ⅰ. ①一… Ⅱ. ①莫… ②储… ③孔… Ⅲ. ①量子论
－青少年读物 Ⅳ. ①O413-49

中国版本图书馆CIP数据核字（2020）第064415号

著作权合同登记图进字21-2020-111号
Original Title:C'era un gatto che non c'era
© 2012Scienza Express snc
ILLUSTRATOR:Caterina Giorgentti

The simplified Chinese translation rights arranged through Rightol Media（本书中
文简体版权经由锐拓传媒取得Email:copyright@rightol.com）on behalf of Tempi
Irregolari–Italy.

一只既存在又不存在的猫——量子物理的奇妙世界

YIZHI JICUNZAI YOUBUCUNZAI DE MAO—LIANGZIWULI DE QIMIAOSHIJIE

著　　者　(意) 莫妮卡·马瑞利
出 品 人　钱丹凝
特约策划　杨莹莹
责任编辑　肖　伊
特约编辑　闫　静
装帧设计　海豚设计
责任出版　欧晓春
出版发行　四川科学技术出版社
　　　　　成都市槐树街2号　邮政编码：610031
　　　　　官方微博：http://e.weibo.com/sckjcbs
　　　　　官方微信公众号：sckjcbs
　　　　　传真：028-87734039
成品尺寸　170mm×240mm
印　　张　12　　字数　100千
印　　刷　北京竹曦印务有限公司
版　　次　2020年5月第1版
印　　次　2020年5月第1次印刷
定　　价　42.00元
ISBN 978-7-5364-9798-6
邮购：四川省成都市槐树街2号　邮政编码：610031
电话：028-87734035

量子纠缠总是缘

开启你与量子物理的缘分之门

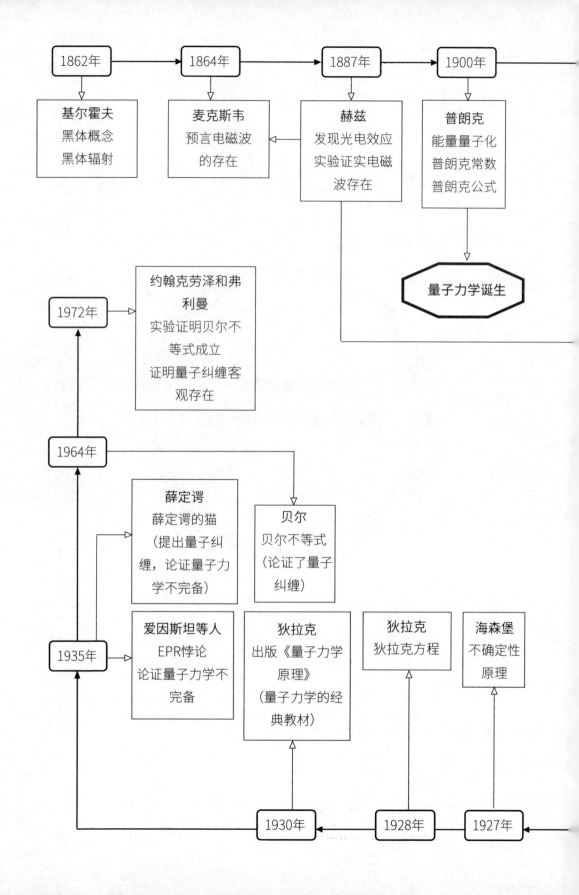

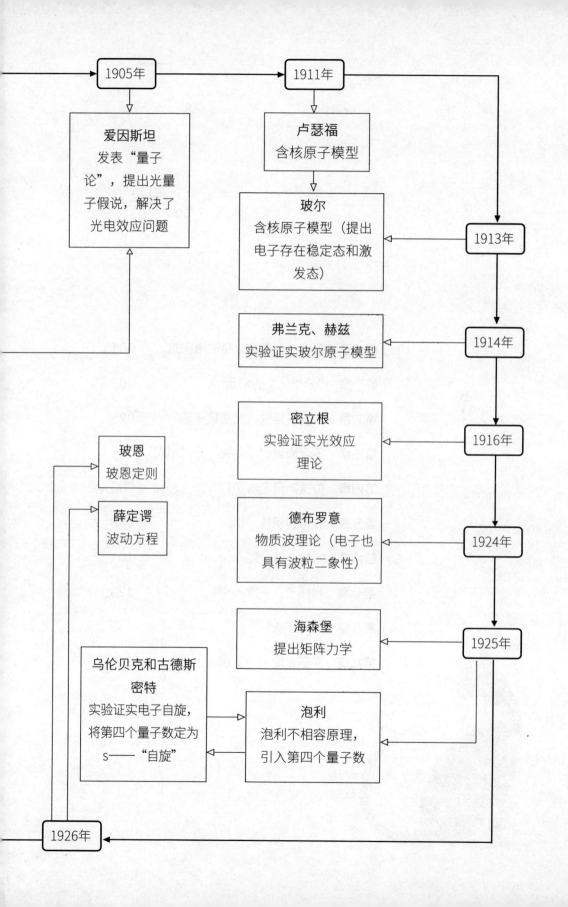

目录
CONTENTS

引　子　采访一位贵宾总是非常困难

采访它之前，我在心里自问道："它会不友善吗？它会没有空吗？它对我的问题会不会只是敷衍式地嘟囔几句，又或者，它会滔滔不绝，我甚至不能抓住重点？尤其是，它会觉得我的问题是有趣还是愚蠢呢？"

好吧，我待会儿就能知道这些问题的答案了。我即将抵达它家。

今天的主角之所以有名，是因为奥地利科学家埃尔温·薛定谔曾借用它的曾祖父作为例子，将其置于科学史上最有名的思想实验之中。我正在说的，是薛定谔的猫，它后来成了代表科学家超越常人智力的成果之一，并且在那个时代，人们需要用它来解释新量子物理的令人难以置信的研究成果。这个思想实验甚至让哲学家都开始重新审视"存在"（当人们认为物理和哲学是同一事物时，它指的

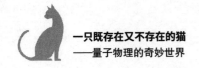
是"回归源头"）这一概念呢。我真的非常激动。我在纸上写满了问题，非常想弄明白这个量子物理到底是什么。

此外，我还有一个小问题，非常私人的一个小问题。

我得尽量让自己举止得体。

不瞒你们说，我是一个疯狂的撸猫爱好者。这意味着，当我看到薛定谔的猫的曾孙女的那一刻，我必定会有强烈的抚摸它的欲望。我肯定会想在它的肚子上摸一下，甚至在它的头上亲一下，以及亲它的耳根处，那儿的毛最短最柔软了。

你们明白我的"悲剧"了吗？就像逼迫一个节食的人在周二去令人发胖的甜品店溜一圈……好吧，我不知道你们喜不喜欢狂欢节的甜点，但是反正你们应该懂了……

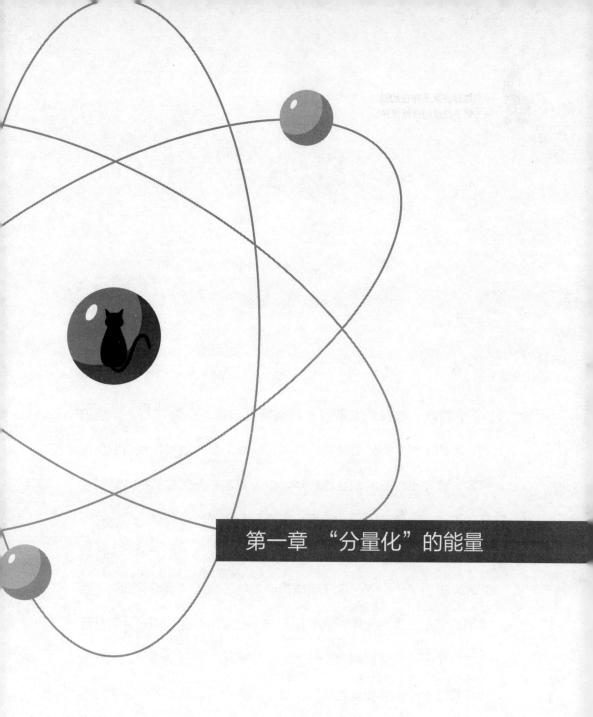

第一章 "分量化"的能量

人类的整个发展取决于科学的发展。

——马克斯·普朗克

非常好，我已经准备好了。我告诉自己，不能撒娇，不能谄媚，不能呼喊。即使凯特是一只非常非常美丽的动物，我也要保持严肃，表现出应有的职业性。对，今天我是有任务在身的，通过今天的采访，我要让人们认识到，世界是多么的荒谬。这个世界并不是指我们肉眼看到的世界，而是我们人类无法感知的世界——微观世界。由质子、中子、电子组成的微观粒子构成了我们看到的、触摸到的宏观世界的物质。这些粒子的运动非常混乱。同时，正是因为这些粒子，需要将物理学分为经典物理学和量子物理学。为什么经典物理学中那些被认可了几个世纪的原理，在我要说的这个世界中突然全都不成立了呢？这听起来很荒谬，是吧？如果我们将微观世界看作一个非常小的宏观世界，并不是一个单独的世界的话，的确非常荒谬，但是……我们还是规规矩矩地来吧。我很确定，凯特

会比我解释得更清楚。不过，你们有没有发觉，采访一只猫，看上去真的很荒谬呀？哈哈，你们继续读下去，会发现更荒谬的事儿。

这时候，我已经到了。

今天牛津的天气很好。我站在诺斯穆尔路24号前，薛定谔和他的妻子从1934年11月至1936年住在这儿。薛定谔第一次借用他的那只关在盒子里"既死又活"的猫是在1935年。也正是由于这个非常奇怪的借用，我今天来到了这儿，想弄明白这一物理学史中最著名的思想实验，到底是怎么回事。

我按了门铃。开门的是一位女士，她微笑着请我在客厅落座，跟我说凯特马上就来。

我在一个绿色小转椅上坐下；透过前面的大窗户，可以隐约看到生机盎然的花园，清晨的阳光照进房间。我有一点儿紧张。房间布置得非常完美，风格是20世纪30年代的，好似在这间屋子里，时间停留在了那个时候。我开始在笔记本的第一页写下今天的日期。突然，一个细细的声音将我的思绪转移了。

——早上好呀，娃娃，我有什么可以为你效劳的吗？

　　我抬起头。是它，它在那儿，我一直在等待的凯特！它坐在我面前的书桌上。它竟然叫我"娃娃"！它怎么胆子这么大？

　　——有什么不对劲的吗，娃娃？我可以为你做点什么吗？
　　——噢，我……不用了，谢谢，我这样子挺好的……您怎么样，尊敬的凯特？我们可以开始今天的采访了吗？我知道您很忙，每天有各种各样的事情，我希望不会"偷"走您太多时间……
　　——哈哈，娃娃，你可以"偷"走我任何东西。我很荣幸能够接受你的采访。那么……

　　你们知道"笑里藏刀的目光"是什么意思吗？就是它现在这样的。如果它不是一只猫，我可以发誓，我看到了一个男人的微笑……天呐，这只猫也太漂亮了吧……天知道采访的最后我能不能摸摸它，它那柔软的皮毛仿佛是在向我发出邀请。

　　——嗯……您真的太好了，尊敬的凯特，但是……
　　——请叫我凯特吧……
　　——好的……凯特，我们可以开始了吗？

——当然可以，娃娃。你想什么时候开始，我们就什么时候开始，喵——

它翻了个身，举起后爪挠挠它右耳下方的脖子。一撮撮毛随着它的动作掉落，在逆光下飘浮在空中，慢慢地落在书桌上、地板上。

它又重新端坐好，看起来似乎是一座古埃及雕像。它真的是一只十分漂亮的虎斑猫呀，身上的皮毛是浅褐色和深褐色相间的，鼻子是半粉色半褐色，嘴唇是粉色的，尾巴的底色是棕色——有一圈黑色呈环状包围，尾头是黑色的。它的前爪优雅地包裹着尾巴的末端。脖子下方，一块白色的区域特别显眼。咦，它没有右耳的尖端……想必是为了争夺领地或配偶被同伴给咬掉的吧。它真的是一只非常漂亮的猫呀。好吧，我得控制我自己。它只是一个受采访者。

——凯特，您和我说说，为什么物理学家埃尔温·薛定谔要将您的曾祖父置于他那著名的思想实验的盒子中呢？

回答我之前，它半眯着眼睛，目光落在我身上。我感到一丝尴尬，移开视线到我的记录本上。

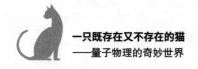
它开始说话了：

——物理学是优雅的。物理学的理论、观测、方程式、解释，就像是一件件披在大自然身上的完美衣裳。没有什么，或者说几乎没有什么不是这样的。然而，例外总是会有的。也许我，就代表一个：我是在那些衣裳下面等着你的特例。也许正是因为这个，亲爱的薛爷爷选择了宇宙中最优雅的动物来描述这些特例。

——薛爷爷指的是薛定谔教授，对吗？

——是的，埃尔温·薛定谔。我的曾祖父当时就住在这所花园里，它听到了埃尔温和他同事的对话。它和我说了尊敬的薛定谔教授的所有想法。他那个以我曾祖父为主角的思想实验，其实是为了捉弄新物理学！当时，不是所有人都同意有关原子和电子的新思想的。

——因此他就将您的曾祖父关进了他的思想实验的盒子里，然后……

——然后他说："你们想象一下，在盒子内部有一个可以杀死猫的装置。猫有没有死取决于那一小瓶毒药，小瓶子也许会被一个小锤子打碎，这受一群原子控制。如果这群原子衰变，即原子核破

裂，放射出各种粒子，那么小瓶子就会被打碎，毒素释放，猫就会死。如果这群原子保持完整，猫就是安全的。"因此，直到打开盒子观察里面的情况前，我的曾祖父一直保持着既死又活的状态！

——很难想象这一情况啊！

——娃娃，这就是量子物理的疯狂之处，很有意思，对吧？

——呃，对于现在来说，这只是非常难懂而已。

——亲爱的，我理解，人类的想象力并不是为了这个荒唐的世界服务的。突然间，之前非常显而易见的道理成了错误的了，但是，我们还是需要从头开始捋清楚。

——或许这样做确实更好一些。即使我不明白，这和原子核有什么关系，和盒子，和对一只猫的命运的猜想又有什么关系！

当我正想邀请凯特继续解释时，它开始舒展身体了：它把爪子伸直，身体弯曲成一个拱形，抬起屁股，开始清理自己左耳后面的区域。

——不好意思，凯特，我们要休息一下吗？

——当然不用，宝贝。

——那么，如果可以的话，我想问的第一个问题十分简单：有
没有一个科学家们做的短片，是专门讲述量子物理的？

——这是一个灾难！

说出"灾难"这个词的时候，凯特的脸拉了下来，轻微地朝我
瞪了瞪眼睛。我的天，我难道问了不该问的问题了？

——什……什么灾难？

我有点儿害怕地问道。

——著名的紫外线灾难啊！这是出发点！

——或许对您来说是非常著名的……我却从来没有听说过呢！

凯特盯住我，轻微地歪了歪头，我再一次感觉到它在冲我诡异
地笑。它是在向我隐瞒什么吗？

——好的，女士，请你坐好，竖起耳朵听好了。如今，我们普

遍认为，物质是由原子组成的，原子里有由质子和中子构成的原子核以及外层的电子云，对吗？

——对！

——然而，20世纪初期，当物理学刚开始发展时，针对物质的组成众说纷纭，我们今天普遍认可的原子模型还未诞生。物理学家们遇到了许多困难，例如，当时有一种现象，他们完全无法解释，也正是从这个奥秘开始，开启了物理学史上的革命。

——真的吗？

——当然！你好好听着。从远古时期开始，你们的祖先观察篝火的炽热废墟时，物理学家们就不能详细解释一个显著的现象：从炽热的物体中为什么会发出不同的可见光。它可以是烧木炭发出的光，壁炉里烧木头发出的光，或者旧灯泡的钨丝发出的光，等等。

——我明白了，就像铁匠敲一块铁时发出的光，对吗？

——对。白炽光可以包含红光、黄光……直到总体上变成耀眼的近蓝色白光。光之所以是白色的，是因为在红光和黄光的基础上增加了蓝光。现在你思考一下，有没有一个你熟悉的物体，它主要发黄光？

——嗯……

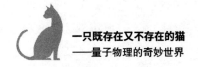

——你可以求助观众，也就是我的……呃？

——我觉得是有的！

我窃笑。

——太阳就是一个主要发黄光的物体呀！我们的恒星是一个由炽热气体组成的巨大球体，它发出大量的电磁波，分为有色波或无色波，大部分的波都拥有巨大的能量，可以被肉眼看到，总体发黄光。用术语来说也就是，因为太阳表面的温度大约为5 727 ℃，大多数电磁波的波长都是600纳米，即为黄光的波长。然而，参宿四恒星的表面温度较低，只有2 727 ℃，因此肉眼观察它呈微红色。天狼星在空中之所以发出耀眼的白光，是因为它表面的温度高达29 727 ℃。

——那么，也就是说，表面温度和光色之间，存在一定的关系！

——没错！当你去店里买荧光灯泡也是一样的，那些贵的、旧的、里面装了钨丝的，在包装上，你都可以看到一个叫作"色温"的参数表，这样你就可以自由地选择冷白光或者热白光了……

——啊，原来是这样！那么，在电灯泡的包装上，竟然有量子物理学的开端呀！

——从某种意义上说，是的！不论什么温度的物质，都会发出光线，或者说是电磁波。它是像煤炭发出的光一样可见，还是像暖气片发出的光一样不可见，取决于自身的能量。换句话说：物理学家经常把"光"这个词作为电磁辐射的同义词。

——不过我还是有点疑惑！我之前很确信，所谓的"光"指的只是太阳的光，灯泡的光……总之，是可以被"看见"的。

——我知道。你得慢慢习惯起来。

——亲爱的凯特，您等会儿啊。我的体温是36℃，那我也会发光吗？还有您呢，凯特？您体温比我高一点儿吧，您也发光吗？

——当然了，亲爱的。你刚才说的啊，我们身上发出的光主要指的是红外线。不过现在，我希望把你的注意力带到量子物理学诞生的时候，好吗？

——好的，您继续吧，凯特。

——我们已经知道，因为吸收了不同程度的热量（从达到的温度可以看出），从物体发出的波具有一定的能量。吸收的热量少，物体发出红光；吸收的热量多，物体发出白光。要注意，物体的能量只取决于它的温度，而不取决于组成它的物质！

——啊，好有趣。

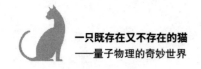
——这个现象在物理学发展之初，并没有得到一个合理的解释。为什么就是"那种"光呢？在物体的温度和光的颜色之间，存在一定的关系吗？这个问题不仅困扰着实验室里的科学家们，也引起了一些德国企业的注意。这些企业从1880年起，为了破除美国与英国的行业垄断，开始制造车灯灯泡和其他一些照明小用具。到底用什么材料才是最好的呢？如何才能有一个判断亮度的标准？当时，灯泡制造行业缺乏技术支持，准确地说，是缺一个公式，用来计算温度与光的亮度之间的关系。例如，我们知道太阳表面的温度是5 727 ℃，那是否存在一个公式，可以由这个温度推测太阳发出的光主要是黄光呢？1893年，德国物理学家威廉·维恩在对实验数据进行总结的基础上提出了一个相当有价值的公式。只是它有一个缺陷。

——什么缺陷？

——它仅适用于波长与紫外线相近的光，但是当物体温度下降而发出红光时，这个公式就不适用了。

——那如何解决这个问题呢？

——英国物理学家瑞利勋爵和詹姆斯·金斯提出了另外一个公式，但是……这里还是要说但是。

——您不要和我说这个公式也有缺陷呐！

——很遗憾，是的。它不适用于波长与紫外线相近的光。事实上，根据该公式，会得出一个非常荒唐的结果——"灾难性紫外线"。称之为"灾难"，是因为当你将物体温度升高至可以散发强紫外线时，根据该公式，物体将会发射有无限能量的电磁波。换句话说，物体散发的热量比吸收的热量还高！这是违背热力学定律的，你不可能得到比注入更高的能量。就像你去买衣服，结账的时候如果柜员给你的找零比衣服的价钱还高，这要么是柜员搞错了，要么是根本不可能发生的事！

——因此，当时并没有任何一个公式，能够完全解释物体温度与光的颜色之间的关系！

——是的！起初，英国物理学家詹姆士·克勒克·麦克斯韦完美地描述了电磁辐射与物体的组成物质之间的关系，由此诞生了早期的物理学。随着物理学的发展，他的解释变得不再完全适用。所谓的"物体变热"到底有什么未解之谜呢？当科学家们在黑暗中摸索时，柏林大学物理学教授马克斯·卡尔·恩斯特·路德维希·普朗克解答了这一问题。

——是有什么大事要发生了，对吗？

我在自己不怎么舒服的小转椅上坐好，问道。

凯特没有回答。它嗅了嗅空气，舒展舒展了四肢，舔了舔自己的左前爪。它现在似乎很忙，没有时间继续向我解释。我假装没看到它在干什么，低头看我的笔记本。它一直在清洗自己，现在轮到另一只爪子了。刚才记的笔记我都看完了，不知道我们什么时候可以继续呀？突然，它说话了：

——我们刚刚说到哪儿啦？

——刚说到普朗克！

——啊，对。当时，普朗克相信物质与能量之间存在一定的关系，反对"原子说"。在他以及同时代的很多科学家看来，物质的结构更像一条河，而不是一袋种子。这个看法并不能解释物体变热的情况，因此呢，他将脑海里的这个模型放在了一边，尝试寻求另一种更合理的解释。如同麦克斯韦的著名方程组确认的，电子在原子内做加速和减速运动的过程中，会发出电磁波，普朗克正是从这一理论出发的。电子加速运动，释放电磁波，真的就是物体变热的原因吗？

——天呐，他太有才了吧！

——因此，普朗克认为电子如同谐波振荡器：就像摆锤一样，

当它摆动的时候，会发出电磁波。

——我的天，这是思想的一大飞跃啊！太有想象力了吧！

现在凯特的眼睛变亮了——它也为自己在讲的这个故事感到兴奋。

——故事还没结束呢。这个大科学家认为，每个电子摆有一个自身特有的振动频率，可以吸收能量。

——等等，凯特。你刚说的"吸收"，是什么意思？

——呃，你想想荡秋千时的情况：你的肌肉发力，产生机械能，推动秋千，从那一刻起它开始前后摆动，并形成一个自己的摆动频率。秋千从你推动的这个动作中获得了能量。如果没有绳子和挂钩之间的摩擦，以及身体和空气之间的摩擦，秋千不会改变它的摆动频率，并一直摆动下去。

——我无法想象这个愚蠢的游戏……10秒钟后我就要恶心了。

——哈哈，很有意思，娃娃，但你不要分心呀。电子开始摆动，发出可见和不可见的电磁波，但这只是在每个电子吸收了适当的能量之后发生的。这是普朗克引入的第一个新观点。在此之前，物理学家们非常肯定，吸收和释放的能量是有某种价值的！

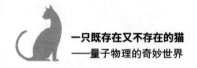

——普朗克也得出了一个公式，来说明这个观点，对吗？

——没错。其实这个公式非常简单，它将能量（既包括吸收的也包括释放的）和电子的摆动频率联系在一起了：$E=hf$。其中，h是这个公式的常数，不是电子本身的常数，而是"普朗克常数"，一个很小很小的数值，约等于$6.626×10^{-34}$ J·s。从这个简单的关系式出发，普朗克推断出了当时工业巨头们一直在探究的公式，后来被称为"普朗克辐射定律"。该定律可以根据达到的温度，最终计算出从主体辐射出的热量是如何分配的。

——……10的……从主体辐射出……

我一边记笔记，一边低声说。我亲爱的凯特教授说的话，一个逗号我都不想落下。

——如果温度保持不变的话，过一会儿就会达到所谓的热动平衡，因此吸收的能量和释放的能量是一样的。比如，这和用温度计量你出汗时腋下的温度是一样的道理。

——呃，我腋下不会出汗！

——呃，如果你发烧了……

——腋下出汗这事，可不是特别优雅的吧！像你们这种美丽的生物，只有鼻子和爪子出汗……

——哈哈，谢谢你把我定义为美丽的生物。你喜欢猫吗？

——有点儿喜欢……

我清了清嗓子，想换个话题。因为这只猫真的太漂亮了，我真的好想去摸摸它。我一直告诉自己这样会显得缺乏职业素养，而且凯特可能会不高兴！要不重新回到原来的话题吧？我这样想着，说道：

——对，达到了热动平衡，所有吸收的能量都以电磁辐射的形式重新释放了……

——是的，看来你跟上我的思路了。事实上，这是一个持续不断的过程，吸收和释放、吸收和释放、吸收和释放……

——普朗克简直是个天才！他有没有组织一场聚会，来庆祝自己的研究成果？如果是我的话我就这么干了！

——呃，并没有。你记得吗？普朗克是反对原子说的，他相信物质和能量之间存在关系……提出能量如同被分成一小块一小块装

在袋子里一样的观点，其实对他来说是失败的！

当凯特说出"失败"二字时，它笑了。显然这是它也非常感兴趣的一个话题。它发亮的皮毛和反光仿佛是在提醒我，即使在这一刻，我们也是沉浸在太阳发出的电磁波里。

凯特接着说：

——我们终于到了分量化能量的核心概念：量子。它们是可以被电子吸收或者释放的一袋袋能量，并且，它们每个个体是不可分割的。这有一点像你们用的钱，即有一定数额标注的纸币或者硬币。你们赚钱和花钱的时候，就如同吸收和释放能量一样地在吸收和释放财富，你们就好像财富摆锤一样……

——因此，从那以后，量子物理学的概念就诞生了？

——不是马上就诞生的。普朗克是在1900年12月提出他的理论，但他从来没有真正相信自己的理论。他希望最终有同行找到另一个解释，证明最初那个物质的结构和河流相似的观点。同行们为普朗克解释了光辐射的神秘情况并向他表示了祝贺，然而，所有人都确信，他的理论只是一个小诡计，物理学领域很快会有新的发

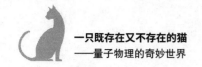

现，不这么奇怪的、更现实一点的发现。袋装化的能量这个概念确实有点儿奇怪。

——然而……

——然而之后并没有什么新的发现。之后的10年，物理学家们都没有找到一个比普朗克更好的解释。还有一件非常神奇的事情：当时普朗克的量子学说有很多粉丝，其中一个是在伯尔尼专利办公室工作的国家职员，他叫阿尔伯特·爱因斯坦。

——真的吗？！

——是的。很荒谬的是，刚开始爱因斯坦非常崇拜量子学说，但之后他改变了想法，开始反对量子学说。他们俩之间擦出了很多火花呢！哈哈，但是现在先不说，采访该暂停了……喵……

——哦不，我想知道普朗克和爱因斯坦，他们吵架了吗？他们之间发生了什么？最终谁赢了？

——小姐，我们该休息一下了，我去吃点东西。你看看几点了。

——天啊！如果那个钟的时间是准的话，已经很晚了……

我指了指房间角落的摆钟。

凯特舒展了一下它的后爪，之后它看了看我，又看了看我的笔

记本，说："你看见什么了？一个表示我们现在的时间的钟摆，还是那具有革命性意义的'钟摆'？"

凯特的话飘在半空中，我的好奇心托着它。我站起来，穿上被弄皱的夹克，走近凯特，想向它告别。和一只如此重要的猫应该如何告别呢？伸手去握它的爪子吗？摸摸它的头？

我还在犹豫的时候，它打破尴尬，说："明天见，亲爱的，还是一样的时间。你要准时噢。"

说完，它跳出窗户，瞬间消失在花园高高的草丛里。

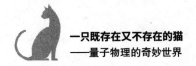

我的笔记

· 19世纪末到20世纪早期，科学家们还不能解释关于主体辐射可见光和不可见光的现象。比如，烧煤炭发出的光、铁匠打铁发出的光，以及暖气片发出的光，等等。

· 普朗克提出将电子想象成摆锤的观点：当电子从外部吸收能量就会摆动、加速和减速，进而发出电磁辐射，也就是可见光和不可见光。这一观点与麦克斯韦的理论是一致的。

· 普朗克具有革命性意义的观点是：电子吸收和释放的能量是分量化的。就如同我们用的钱一样：我们总是用一些特定数额的纸币或者硬币，钱被我们分量化了。能量的"分"被称为"量子"。

· 然而普朗克对自己的成果并不满意，他希望有人找到一个更好的解释，回到"物质的结构是连续的"这一观点。

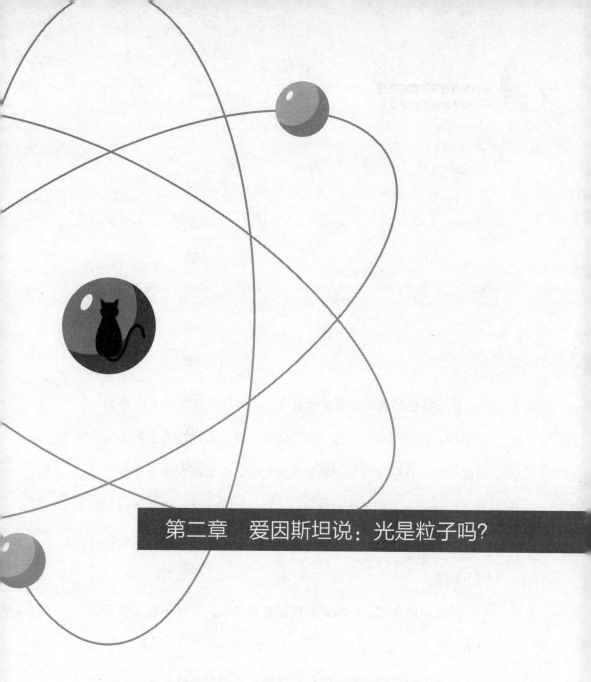

第二章　爱因斯坦说：光是粒子吗？

我们一来到世间，社会就在我们面前树起了一个
巨大的问号，你怎样度过自己的一生？

——阿尔伯特·爱因斯坦

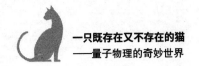
量子物理的故事逐渐使我着迷。我走在去往凯特家的路上，阳光温和。我突然想到，这一刻，我的皮肤以及地球表面受太阳光照射的一切，都在接受着电磁波的辐射吧。在电磁波中有许多粒子，包括中微子，它们就像幽灵一样，穿过我的身体，以及我脚下的土地，不留一丝痕迹。我已经到凯特家了。谁知道凯特今天会和我讲些什么呢？

"噢！您来了，小姐。凯特正在等您呢。"昨天那位温柔的女士和我说道。

我走进小客厅，发现我的物理教授正蜷坐在昨天我记笔记的那张小转椅上。它正熟睡着。我现在应该做什么？叫醒它吗？天呐，好尴尬啊。我走近靠窗的写字台，那张被用作凯特的"舞台"的写字台。地板"嘎吱嘎吱"响，这噪声把我从窘迫中解救了出来——

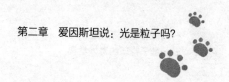

凯特醒了。

它慵懒地舒展身体，打了个哈欠，摇了摇尾巴。它似乎没有看到我。我轻声地打了声招呼："早上好，凯特，你好吗？"

它把头转向我，眼睛半睁着，什么都没说，开始舔自己的爪子了。

我明白了，我得等阁下清洗完自己。经过凯特的同意，我坐到写字台边上。花园就在我的眼前，绿色的植物、松软的沃土以及我不识的花朵都散发出香气。这真的是一个很棒的地方啊。

——噢，挺好的。啊，清洗身体能让我非常放松呢。

也就是说，在睡了好多个小时后，凯特需要放松一下？它又开始说话了：

——你怎么样？昨晚睡得好吗？

我抬起头，看着它，点了点头。凯特继续说：

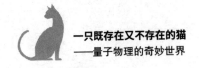
——昨天我们讲到哪儿了？

——我们讲到1905年，正要开始讲爱因斯坦。

我一边说，一边在笔记本上写下今天的日期。

——非常好。你要认真听，因为这是物理学史上的关键点。在那年，也就是1905年，爱因斯坦论证了普朗克的电子释放分量化的能量这一观点不仅是为了回到证明物质的结构是连续的，对揭示某些其他奥秘也是极其重要的。事实上，爱因斯坦提出了他自己的观点：如果普朗克所认为的电子摆产生了分量化的电磁辐射这一观点是正确的，那么它也可用于电磁辐射本身，也就是光本身。他认为，光是由光量子组成的。

——它们是不是叫光子？

——"光子"这个术语是在1926年由美国化学家吉尔伯特·路易斯引入的。这之前，它一直被称为光量子。你可以想象，这在当时是多么轰动。

——为什么？

——因为当时所有的实验都证明，光是由波而不是由粒子组成的！

——啊……

——当时学界公认的麦克斯韦方程式，将电磁辐射处理成波，因此许多物理学家拒绝承认光是由量子组成的。他们说："光不可能这么精神分裂！它要么是波，要么是粒子，笨蛋！"然而，爱因斯坦是有根据的。在之后的几年，物理学家们发现，光真的有双重性质。同样的，微观世界中的电子、质子和中子以及其他一切粒子都是这样的。

——总之，凯特，什么是光？既是波，又是粒子？哈哈哈哈！

——哈哈哈，是的，有点意思吧？

——我之前以为，物理是给人们确定性的，但是现在只有满满的待解决的问题！

——哈哈，你还什么都没听到呢。让我带你进入物理学的深渊，推你进入另一个世界吧！光表现出波或者粒子的哪一种性质，是取决于你在实验中设置的条件的。等一下你就会明白了。当我们并没有一个测量工具，来看到光、触摸到光的时候，"光是什么"这个问题本身其实是没有意义的。它是一个我们无法想象、无法看到的奇怪的东西。比如，你想想一个女人。早上出门

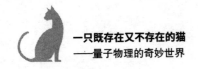

上班时，她是一个职场女性，穿着优雅，背着电脑包；傍晚回家时，她变成了一个居家女人，是家里的妻子或者未婚妻，穿得很随意。因此我们说，她的角色是随着她所处的地点改变的，对吗？这就有一点儿像光，根据实验条件的不同，它就会表现出不一样的性质。

——嗯……但是，就本质来说，她还是一个女人，然而，光……

——如果你不把它放在实验中看，它就回到了两种性质和谐共存的状态。

——我好害怕。

——怕什么？

——我需要一杯水或者一杯咖啡，和一点小饼干。

——你低血糖了？

——也许是的。了解新的知识总是消耗能量的，你不知道吗，凯特？

我微笑着，看着它的眼睛。

——我同意，我让莉迪娅去准备点吃的。

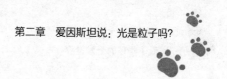

凯特从小转椅上跳了下来，它刚刚蜷缩的地方陷了进去，并且留有很多毛。天呐！好惹人爱啊！

它一分钟不到就回来了，重新坐回小转椅上，前爪藏在胸下面，看起来像一个熨斗。

——我们刚才讲到哪儿了？

——讲到光，这个难以确认性质的奇怪东西。在了解了光既具有波又具有量子性质的观点后，我以后不会像之前那样看电灯了，还有太阳。

——哈哈，等我讲完全部，你会发现，现实还会更令人难以捉摸、神秘，甚至是完全疯狂的。

莉迪娅进来了，端着一个托盘，托盘里有姜味小饼干、一杯咖啡、一壶热牛奶和一大杯橙汁。好棒。我谢过她，准备开始享用这些美好的食物。不过凯特没有停下来，它继续讲话。我被迫一边慢慢地吃东西，一边在本子上记笔记。这猫好敬业啊……

——当时爱因斯坦是冒着成为科学界笑柄的风险提出这一理论的。他并不是容易泄气的人，他总爱夸赞自己："是上帝给了我固执的决心。"他提出的光是由量子组成的观点是如此深奥，以至于就如同说地球在夏天是圆的，在冬天是方的一样。在之后的20年几乎没有科学家认同他的猜想。就连爱因斯坦凭借成功解释了"光电效应"而获得诺贝尔奖时，也没有人认同。说明一下，他是凭借解释那一效应的方程式获得的，而并非光既是波也是量子的物理学理论。

　　——呃，我不是很清楚"光电效应"是什么。

　　——很简单。如果你拿一块金属，用光束照射它，可能会发生两种情况：在光束的照射下，有一部分的电子会从金属中"飞"出来，就像你吹一本旧书，上面的灰尘会飘出来一样；或者什么反应都不会发生，这意味着光电子并没有足够的能量将金属中的电子激发出来。如今，光电效应被应用于太阳能电池板：太阳光撞击半导体，电子飞出，产生电流。总之，不论其他的科学家们认不认可，爱因斯坦都一直认为自己的观点是对的！

　　——天呐。爱因斯坦真的是一个固执的人，在很多方面。

　　——是的。如果他当时被同事们的批评影响了，他也许就不会

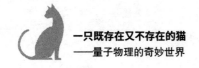

得到诺贝尔奖了。他对自己的研究成果深信不疑，这也让他获得了许多其他的成就。爱因斯坦不仅仅提出了相对论，他也证明了分子的存在，即原子的聚集作用，并提前提出了激光的概念。

——天呐，多好的一堂人生课呐。

——你们人有多少次会受别人看法的影响？远比你们自己想象的要多。你想，爱因斯坦的希腊语老师，戴根哈特，当时认为他这位年轻的学生一生会一事无成，他甚至让爱因斯坦退学。

——好吧，亲爱的凯特，难道你们猫从来没有遇到这样的情况吗？你们不会受其他猫的影响吗？

——我们不会，我们更聪明些。

它的自信心仿佛要从每根毛发中溢出来了。猫真的是神奇的生物啊……呃，我们还是回到量子物理吧。

——我明白了，总之，光量子的概念让所有人都糊涂了！

——你想想，我们还只是在故事的开头呢。总结一下：爱因斯坦认为，比如红光是由红色光子组成的，它具有一定的能量$E=hf$，其中f是红光的振动频率，因此呢，我们既有一部分波（f代表波的振动频率），也有一部分粒子（根据h被"分量化"为粒子）。不过这里值得注意的是，普朗克得出的$E=hf$这个公式，只是针对其猜想存在的电子摆所吸收和释放的能量。

——不敢相信！我确定最终这两个结果会是一致的。

——当然，但是还得过一段时间才能得出这个结论。爱因斯坦的光量子的概念非常难懂。当1913年普朗克和其他同事申请将爱因斯坦纳入普鲁士科学院时，他们在挂号信中对他赞不绝口："你们看，阿尔伯特这个小伙子非常厉害，他有时候能够提出非常震撼的思想，比如，猜想光量子的存在！"

——不敢相信！

——现在，该引入新的人物了：英国物理学家约瑟夫·约翰·汤姆生和新西兰物理学家欧内斯特·卢瑟福。首先，你回答我一个问题，我们现在说的是1905年往后一点的故事，在那个时候，物理学家们认为物质是由什么组成的？

——亲爱的凯特，您在问我吗？

——我就是想考考你，看你还记不记得。

——不，我们没有说过这个问题。您只提到说，一些物理学家，比如普朗克，认为物质的结构是如河流一般的。

——对，是的，好样的。我刚才只是想和你开一个小玩笑，哈哈！

——物理已经足够复杂了，我还要当心您的小玩笑呐？

我笑着问。

——物理不复杂啊！

——凯特，不好意思，我要反驳您。这就像在说，穿12厘米的高跟鞋一点儿也不累，和拖鞋一样舒服！

——我不懂你的意思，女士。我没有穿过鞋，我的爪子很好用。

——是的，您的爪子很好用。我们人类，尤其是我们女人，需要舒服的鞋子来走路。所有人都知道，鞋子越漂亮，越不舒服！就像物理学一样——很有意思，但是很复杂！

——我一点儿都不同意！学物理的时候只需要多一点注意力。当你读一本小说的时候你可以想一会儿你自己的事，虽然你有一点走神，但是不至于落下故事情节；然而，学物理的时候需要每秒钟都集中注意力——它真的真的，非常以"自我"为中心！

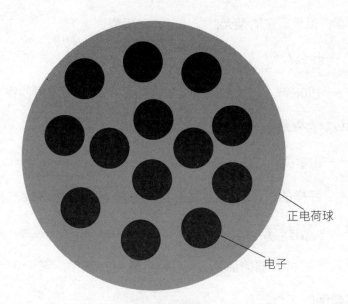

正电荷球

电子

汤姆生原子模型

——说到不落下情节，亲爱的凯特，我们刚才讲到汤姆生……

——20世纪初，约瑟夫·约翰·汤姆生提出的原子模型被普遍认可。这个模型显示，负电荷被镶嵌在一个呈正电的"面团"里，就像电子被镶嵌在味甜、柔软的米兰大蛋糕里一样，或者就像粥里的杏仁碎一样，就像……

——亲爱的凯特，我明白了！

——啊，好的，我想让你清楚我说的结构。这是一个当时很流行的说法：原子内部并没有空余的空间，就如同一个微型米兰大蛋

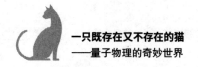

糕一样，但是后来的某天，发生了一件事情。

——什么？

——1908年，诺贝尔化学奖颁发给了卢瑟福，表彰他在原子结构和放射性领域做出的学术贡献。

——化学奖？这不是物理领域的吗？

——好样的！卢瑟福当时对这个问题抱怨过很多次，他一点儿都不同意自己的工作被划分到化学领域，因为他认为，化学是一个低等学科。他的原话是："科学就是物理学。其余的都是收集邮票型的工作。"

——哈哈，有意思。

——1909年的一天，卢瑟福让他的一个学生，欧内斯特·马士登，将他在一个实验中取得的成果再认真地验证一下。

——之后发生了什么？

——α粒子在实验中表现十分神奇。

——呃，亲爱的凯特，您能告诉我α粒子是什么吗？

——它是由两个质子和两个中子组成的粒子，因此是带正电荷的。显然，当时卢瑟福是不知道的。α粒子只被认为是带正电荷的粒子，中子还没有被发现。直到1932年詹姆斯·查德威克发现了它，

中子才进入了原子模型。我们回到刚才说的表现神奇的偏离轨道的
α粒子。

——偏离轨道的α粒子，这似乎是间谍电影里的情节……

——卢瑟福的助手，马士登，在用金箔做实验时看到了这一神
奇的现象。

——哇，这个时髦了……

——哈哈，对，挺有趣的。当时，马士登拿了一张非常薄的金
箔（0.008 6厘米），用一束α粒子照射它。如果米兰大蛋糕形式的
原子模型是正确的，α粒子将会安然无恙地穿过金箔，因为金原子
是不带电的；但是，奇怪的事情发生了！

——什么？

——一部分α粒子的运动方向发生了180°的变化，掉头回来
了！很明显，它们是正面撞击了金原子。大约一万个α粒子中有一
个发生了这一现象。就如同卢瑟福所说，这个现象在向一张牛皮纸
投掷发射物时，也会发生。

——好疯狂啊！

——对，很疯狂。根据当时的原子结构，也就是原子是带正电
荷和负电荷的面团，是不能够解释α粒子这种变化运动轨迹的现象

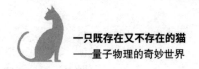

的。这就需要把汤姆生的结构模型稍做修改。卢瑟福认为，α粒子
之所以会改变方向，是因为它撞到了非常坚硬坚实的东西。在1911
年3月7日，他提出了一个新的原子模型，它由带正电荷、粒子排列
紧密、整体有一定质量的球形原子核以及围绕它旋转的电子组成，
有点儿像缩小版的太阳系。在当时这个模型并没有受到很多重视，

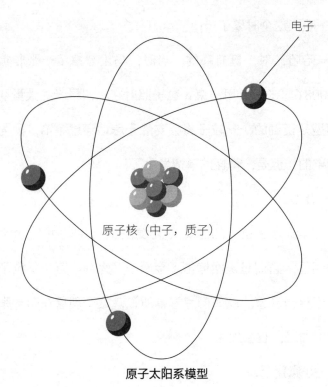

原子太阳系模型

因为它有一个非常大的缺点。

——啊，看来物理学每次都需要花很多时间提出一个新想法来解决面临的新困难呀。这个缺点是什么？

——如果电子围绕着原子核旋转，就如同行星围绕着太阳旋转一样，那么这个世界就不存在！这是个灾难！

——除了紫外线灾难，这又是一个灾难！它竟然在原子内部！

——麦克斯韦的定律表达得非常清楚了：一些运动的电子会发出电磁辐射，因此，当电子在原子核周围运动时，它们会以电磁波的形式发出能量，这就像一个人在跑步的时候出汗一样。只是，跑步的人有时要休息休息，吃点儿东西补充能量再继续跑，然而电子在运动时每秒只耗费不到它要释放的能量的一万亿分之一，最终它仍会抵抗不住原子核的正电荷作用，能量耗尽，落在螺旋形的电子轨道上。

——呃，电子不会在原子核周围跳舞吧！

——事实上，在原子内部，有个东西会阻碍电子释放能量并落在轨道上。这个东西是什么？这个问题一直折磨着卢瑟福的同事们。

——我觉得这时候该有一个新的人物出场了！

——哈哈，你的直觉很准啊！

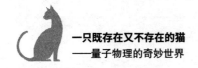
我不知道它是在和我开玩笑还是真的在夸奖我。我觉得今天的采访要结束了。

凯特开始用右前爪抓耳朵，姿势不是很优雅。

——天呐，好痒啊！不好意思，你能帮我看一下耳朵里是不是有什么东西吗？

我对凯特的这个请求有些惊讶，我不知道猫的耳朵里会不会长寄生虫，特别是和受感染的猫接触过以后。

——好的，亲爱的凯特，您到写字台旁边的灯这边来，好吗？

它的毛好软啊！

——嗯……

——你不要嗯了，你能告诉我耳朵里是不是有什么吗？

——放心，凯特，什么都没有，您的耳朵很干净。

——啊，那就好。有一次为了清洗耳朵我倒进去很多水，太可怕了，好像我的头进水了一样……好的女人，那么我们今天就到这儿，明天见。

——明天见？

——对啊，有什么问题吗？

——我原以为我们今天会继续。

——哦，不，不行，我今天要去参加几个朋友组织的野餐，我们要庆祝我的一个姐姐生了五只小猫，我不能缺席。还有，我得让莉迪娅为我准备一袋杏仁脆……

——好的，凯特。那么，野餐快乐，代我向您的亲戚……或者朋友问好。

当我合上笔记本，再抬起头的时候，它已经消失进了厨房里。

我的笔记

· 爱因斯坦认为，光也是由粒子组成的。

· 大笑话：如果光不是波，几个世纪的物理学史是怎么发展的？爱因斯坦疯了吗？

· 爱因斯坦并没有放弃：根据他的光模型，他解释了光电效应，并且拿到了诺贝尔奖。

· 同一时期，卢瑟福调整了汤姆生的米兰大蛋糕式的原子模型。他在分析了 α 粒子撞击金箔的实验后，提出原子就像迷你太阳系一样。

· 然而，原子的迷你太阳系模型并不是一直正确的：如同麦克斯韦方程式所表示的那样，在轨道上加速运转的电子会释放能量最终落在原子核上。那么，为什么电子会下落呢？

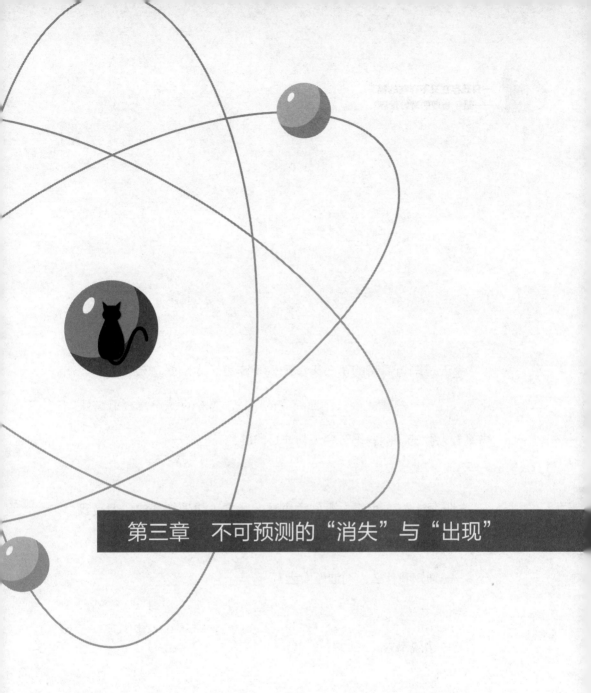

第三章　不可预测的"消失"与"出现"

谁不对量子物理感到困惑，他肯定不懂它。

——尼尔斯·玻尔

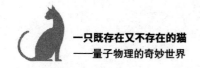
今天是采访凯特的第三天，天公不作美。太阳躲在云层后面，下雨、刮风、打雷。我按了凯特家的门铃。像前两天一样，莉迪娅微笑着为我开了门。不过今天莉迪娅的脸色有些不一样。

——早上好，小姐。不好意思啊，我本来想通知您的，但是我今天早上才意识到，我没有您的电话号码。

——通知我什么，莉迪娅女士？

我一边脱雨衣，一边有些担忧。

——没什么严重的事情，只是凯特还在睡觉。嗯……而且睡得很沉……我不知道今天的采访是不是能够继续……

——发生了什么？它不舒服吗？

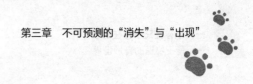

　　我和莉迪娅站在前厅里，光线忽明忽暗。莉迪娅降低了嗓门，凑近我的耳朵说：

　　——凯特很好，但是昨天，有些夸张了……

　　——夸张？它吃得太多了？

　　——这个在聚会上很正常，吃太多，除了这个，昨晚……对……一切都很顺利，小猫们都非常漂亮，它们的妈妈身材非常好，但是……

　　——莉迪娅，请告诉我，我亲爱的凯特怎么样了？

　　——我向您重复一遍，它很好，只是睡得有点儿沉。噢，昨晚这些猫太贪吃了，惹事了！

　　——惹什么事了？

　　——聚会要结束的时候，小猫们的妈妈、爸爸刚走一会儿，凯特一些非常不靠谱的朋友来了……它们让凯特吃多了。

　　——啊，好吧。如果它胃痛的话，只要给它一点儿草洗一下胃，它马上就会舒服一点的……

　　——呃，草就是重点……

　　——莉迪娅，我不懂您在说什么，您可以解释一下吗？

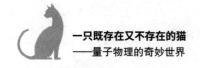
——荆芥。

——啊，现在我懂了。它们昨晚玩耍的时候，凯特不小心把荆芥吃下去了吧……

——对！我知道……凯特现在很可怜啊！

——您刚才说什么？"我知道"？然后呢？

——"我知道"？小姐，没什么。我刚才说的就是凯特。

莉迪娅说这话的时候并没有看着我的眼睛。我觉得她在隐瞒什么。不过，她毕竟岁数有点儿大了，没时间和她好好解释荆芥对猫来说并不是"毒品"，而只是一种温和的兴奋剂和治疗胃痛很好的药材。

——莉迪娅，您放心，没什么严重的事儿发生。凯特只是会睡很久，因为它昨天晚上睡太晚了！

——小姐啊，它身上到处都是那种草啊！身上的毛里面插满了，甚至耳朵里都有一根！这种草是毒品啊！

——莉迪娅，您别担心。我可以看看它吗？

——当然可以。不过，如果它醒来的时候心情很糟糕，要由您来负责安抚它啊！我要出门买东西了！

——等会儿就要下暴雨了，您要不等会儿再出门吧？

——与其在家里听凯特大声叫嚷，还不如出门买东西呢……如果需要的话，我会划个独木舟出去的！

莉迪娅套上带帽的红色防水雨衣，穿上一双绿色渔人橡胶雨鞋，出门了。她看上去像一朵巨型的鲜花。我走进小客厅，看着眼前的一幕，再想到莉迪娅刚才说的话，有点儿想笑：凯特躺在写字台上，头挂在写字台边缘，嘴半开着，可以看到红色的舌头尖。它在打呼噜，身上的毛很乱，尾巴上有几片似乎是松树针叶的叶片。耳朵里插着一根草，哈哈，就是刚才莉迪娅说的那一根。我慢慢走近它，地板"嘎吱嘎吱"地响，不过这次凯特没有被我吵醒。我伸出手，把它耳朵里那根草给拔出来，但这样像是在给它抓痒。它醒了，抬了抬头，眼睛半开，看了看四周。它看到我了，嘟囔着：

——嗯……好……

我没听懂。它在嘟囔什么

——早上好，亲爱的凯特，您好吗？

——嗯……你像一个卖鱼的人在大声嚷嚷……

——我没有在大声嚷嚷，我在正常说话……

——嗯……昨晚……聚会……

——对，我知道昨晚是个很棒的聚会，但是我们今天要继续上次的采访呀！

——采访……

——亲爱的凯特，您为什么不去花园里转一圈，在雨里冲一下，洗一下身子，也让脑子清醒一点儿呢？

——嗯……

它翻了一下身子，背上有很多树叶。

——刚参加完聚会，状态不大好，这很正常的……

——等我一下……

凯特坐起来，摇了摇头，挠了挠身子，舒展了一下，看向窗外。它的眼睛依然是微闭的。

——我马上回来。

它的声音变得正常一些了。

10分钟后，它回来了，看起来清醒了。它跳了一下，盘坐在绿色小转椅上。

我坐在写字台旁边，礼貌性地问凯特一些话。

——亲爱的凯特，昨天的聚会怎么样呀？新妈妈怎么样？小猫们呢？

——它们都很好，谢谢关心。我很久没有参加过家庭聚会了。麦克斯叔叔还是和以前一样，介绍了无数次它的未婚妻，它们还没结婚。小猫们的爸爸没来，但是……

——它没来？好可怜……

——你想到什么了？这在我们猫中是非常正常的。你们人从来不会有这种情况吗？

——呃，我们开始今天的采访怎么样？昨天说到有一位新人物要登场了！

——呃，怎么了，讲这类事情让你很尴尬吗？

——不，不，只是我不想知道，后来怎么样了……

我马上意识到自己在说谎。是啊，人在这方面确实和猫不一样，这反而显得人比猫愚蠢。讲这种事情好尴尬。

——好吧亲爱的，如你所愿。今天要登场的人物是一位丹麦物理学家，他叫尼尔斯·玻尔，和卢瑟福一样在曼彻斯特工作，当时也为原子的问题费尽心神。你还记得原子的问题吗？

——记得。根据麦克斯韦定律，原子内部在轨道上运动的带负电荷的电子会逐渐失去它们的能量，受带正电荷的原子核的吸引，最终会落到原子核上。

——好样的。看来你的确跟上我了。我今天头痛，所以你得注意力更集中一些才能跟上我。唉，聚会不能多参加啊。

——呃，我觉得不是因为聚会参加得多，而是因为吃得太多、喝得太多吧……

——哈哈，我假装什么都没有听到。言归正传。和他的同事们不同，玻尔非常相信卢瑟福的理论是有道理的，因此他一直想弄明白为什么原子的状态是稳定的。玻尔想不管物理学大咖牛顿和麦克

斯韦的理论，而找到一个全新的角度。他问道："为什么不叩开量子世界的大门呢？"但另一方面，他又想：普朗克和爱因斯坦可是大人物啊……思前想后，在看了两本他非常喜欢的侦探小说后，玻尔有了想法。

——什么想法？

——他猜想，电子不会释放能量落到原子核上，这仅仅是因为它们不能。它们占有所谓的特定轨道。

——就这样吗？这样也就等于说：电子不下落，因为事实就是这样，仅此而已！

——从某种程度上说，是的。这一猜想被认为是"专门适合电子的猜想"，并且用于解释一些现象时十分贴切。电子占有专属的特定轨道，就如同一栋房子里的住户们占有特定的楼层，并且不能住在一层楼与另一层楼之间一样。这个模型十分适用于仅由一个质子和一个电子构成的氢原子。

——不好意思，也就是说玻尔的模型不适用于其他原子吗？

——不，你等等，还没说到有更多电子的其他原子。你得有点耐心！

——哦！亲爱的凯特，我有等待一切的耐心！

——好极了,那我们继续。换句话说,这位丹麦人将电子轨道量子化了,并且把它们称为"稳定态",用n来标记。他提出,如果一个电子吸收足够的能量,它能从最靠近原子核的第一电子层($n=1$)迁移到第二电子层($n=2$)。这种"量子跃升"使电子的状态变为"激发态",这对电子来说并不是正常状态。就像一个喝醉酒的人,醉酒状态并不是他的正常状态,并且,直到酒劲过去,他的状态会一直保持这样。这和电子的情况是很相似的。不过有一点不同的是,当电子变为"激发态"后,它会立即释放多余的能量,回到原来的第一电子层。

——也就是说,刚开始电子吸收的能量就像是电梯一样,把电子载到了第二电子层。

——是的,可以这么说,但是……

——哈哈,我就知道此处会有"但是"。

——呃,是的,并且这个"但是"非常的神秘呢!

——好吧!

——说到"量子跃升",或许你以为电子从一个稳定态跃迁到另外一个激发态,这个过程就像一只跳蚤从地上跳到狗的背上一样。

——是啊，那实际上呢？

——这样的想法是错误的。这个过程实际上是在一瞬间发生的。

——您指的是，电子先消失，随后立即就在新的电子层出现了？

——就是这样！

——天呐，这也太疯狂了，简直像魔法一样！

——我和你说过，量子物理的世界都是十分疯狂的！然而，事实就是这样。如果电子从一个轨道迁移到另外一个轨道，应该会释放能量，释放的能量就像扫把一样，把电子迁移的路线"扫"了出来；然而，实际上电子不会释放能量，并且它不会占据两个轨道中间的空间，一秒也不会。

——好的，现在我可以确定了，物理学家们都是疯子。他们难道没有把刚才插在您耳朵里的荆芥取走，用来想象这些不同寻常的行为吗？

——哈哈哈！不过不走寻常路是有助于幻想的！

——好吧，在物理学家们这儿，幻想真是太多了！

——事实上，大多数人认为物理学家是比较冷漠和理性的人。我只想笑笑，因为这完全是错误的！

——凯特，其他物理学家们是如何对待这一观点的呢？玻尔已经质疑普朗克的理论了。

——总之，1913年9月12日，在伯明翰召开的英国科学促进协会的年度会议上，玻尔的模型被公之于众。当时在场的有汤姆生、卢瑟福、瑞利、詹姆斯，还有洛伦兹、居里等物理学家。你想象一下那个场面！

——哇，都是那个时代的物理学大咖！

——他们对玻尔的猜想持非常怀疑的态度。他们认为玻尔的想法太幻想主义了！

——亲爱的凯特，您知道吗？我觉得我不会有玻尔那样的勇气：提出一个与当时大众认可的观点相抵触的想法，并且知道当时最权威的科学家会反对我、批评我，这也太艰难了！

——艰难极了。不过你想想看，也正是因为这一疯狂的想法，玻尔成功解释了氢原子光谱的谱线。

——请您等一下。我一点都没有明白。光谱的谱线？您可以解释一下吗？谢谢。

——所谓的光谱，我们的肉眼只能通过一个叫作分光镜的工具看到。它呈现出的是一系列有色的线条。每一条线代表的是一个电子迁移：激发态的电子释放多余的能量，即释放一个带有一定能量

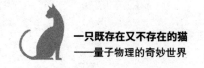
的光子（因此它带有某种颜色），回到更稳定的、较低的电子层上。黑色的区域是电子不能停留的区域。嘿，你知道最有名的光谱是哪一个？

——嗯……

——是彩虹呀！好吧，我们往回讲讲物理学史，讲讲艾萨克·牛顿。那是1666年，牛顿当时并不确定自己是第一个让太阳光穿过棱镜得到太阳光光谱的人。在他的实验中，太阳光就如同扇子一样打开，呈现出多彩的组成部分。该实验证明，颜色不是存在于棱镜"里面"的，而是光的一部分。也就是说，太阳发出的可见光是许多彩色光线的总和。

——明白了！

——喵……很好。在我们采访的第一天，你已经知道，所有的物体都会发出电磁辐射，因此，如同你可以推断的一样，每个物体都有一个光谱。

——但是，比如，我看一块发热的铁块，我肉眼完全看不到它的光谱啊！

——当然，因为在这种情况下，决定物体发出的光的颜色的，是在光谱中占比最多的光。如果你想发现它的组成光谱中其他的光，就得像牛顿那样做，并且需要一个特殊的棱镜——分光镜。分光镜是约瑟夫·冯·夫琅和费发明的，他是第一个准确观察到太阳光光谱的科学家。他发现那是一条明亮的连续光带，这一点和牛顿用棱镜观察到的是相似的。但是约瑟夫·冯·夫琅和费在实验中获得的，还有一些黑色的细线，每一条线对应的是太阳光中的一种化学元素。

——为什么是黑色的？

——因为，太阳中的一些元素会吸收特定波长的光，太阳光的光谱中也就没有了这些光的光波，形成了暗线！例如，处于波长759.4~762.1纳米之间的黑线，对应的就是氧元素。现在，我们说回玻尔。在分光镜帮助下，玻尔观察到了氢元素的光谱，确认了他的理论！每一种元素都有它特定的光谱：正是因为这个，天体物理学家们可以通过分析恒星的光谱来推断它由什么元素组成。多彩的光谱正是量子迁移的表现！量子吸收能量和释放能量永远不会停止，迁移持续地发生。像我之前所说的那样，量子的迁移是瞬间性的，它们会瞬间消失、瞬间出现。

——玻尔对于这一结果应该十分满意。

——真正的满足感还没来呢。1914年4月，两位德国物理学家用实验证明了电子稳定态的存在。他们是1925年获得诺贝尔物理学奖

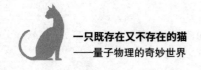

的詹姆斯·弗兰克和古斯塔夫·路德维希·赫兹。 两位科学家用电子束撞击汞，看到它发射出了紫外线。这是为什么呢？玻尔对这个现象进行了解释：发射出的紫外线证明汞中的电子吸收了发射物中电子的能量，迁移到了更高的电子层，但最终回到了原来的电子层，将从轰击中"借"来的能量返还了。弗兰克和赫兹因此证明了第一电子层与第二电子层之间的能量差就是发射出的紫外线光子的能量。

——我为玻尔感到高兴！

——爱因斯坦首先从直觉上相信弗兰克和赫兹的实验是验证了电子稳定态的存在的。1916年，这也为物理学的疯狂世界中添上了浓墨重彩的一笔。

——您继续说，我听着呢，亲爱的凯特。

——通过玻尔的带量子化轨道的原子模型，爱因斯坦能够得出普朗克公式$E=hf$。他的这些研究奠定了激光的理论基础。

——啊，您昨天和我提到过。

——是的，激光——laser这个词的英文全称是Light Amplification by Stimulated Emission of Radiation，意思是"通过受激辐射光放大"。现在你能够听CD的音乐，在电视中看DVD节目，你得感谢那些疯狂的量子物理学家呀。他们发现，当一个激发态的电子受到光子的撞击，它并不会吸收能量，而是会被迫回到自己的稳定态，同时释放能量，发出光。

——激发态的电子，有点儿像月亮公园里柱头上的那些小木偶人，被网球击中的时候它们也这样！

——嗯……有点像，但是……

——我就知道此处会有"但是"！

——我们现在讲到1917年，爱因斯坦当时要失去耐心了。他已经确定了电子会从一层迁移到另一层，然而，根据公式，并不能预测这一迁移是在什么时刻发生的。比如，如果你在房间里扔下一块杏仁脆，根据时间公式你可以推算出来它会在什么时候落到地面上；然而在量子物理世界里，这种基于清晰、不容置疑的公式的预测，是不可能存在的。回到稳定态的电子什么时候释放能量呢？释放出的光子又去往何处呢？这些问题是没有科学的、准确的回答的。

——怎么会没有呢？

——的确没有。这些是不能预测的！这种不可预测性也让爱因斯坦要发疯了！当时唯一可以估算的是电子很可能是什么时候释放能量的，以及释放出的光子很可能是去往什么方向的。爱因斯坦当

时想，这种量子物理中的准确性的缺失是可以容许的，但是并不能一直容许下去。他相信未来肯定会有谁来解决这个问题。

——我也觉得是的，亲爱的凯特。

——然而并没有，因为，正如之后人们发现的一样，"很可能"就是量子物理世界的精髓，这就是它本来的面貌。它如一团浓雾，笼罩着量子物理的世界。电子会从激发态瞬间回到稳定态，或者不。没有人知道这在什么时候发生。

——啊……

——爱因斯坦对于这一事实十分恼火，他甚至说自己不想继续当物理学家了，想去当修鞋匠或者赌场老板！

——不过，这个"很可能"的故事，我觉得只不过是物理学家们的一个好奇罢了，它们原本就是这样子的，至于弄清楚为什么会这样并不是很重要。

——哈，你错了。

——嗯……

——我可以给你举出数不清的例子，来证明弄清楚电子是如何以及为什么会回到稳定态和释放能量的重要性。就像我一个朋友常说的那样——"有点儿迟了，我们得走了。"现在我要去休息了，

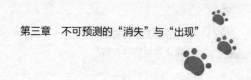

希望我头不会再痛了。我们明天继续。

　　——好的，亲爱的凯特。不过您今天待在家里吧，外面下大雨

呢，您出去会生病的。

　　——我可能会，也许不会。谁知道会不会，什么时候……

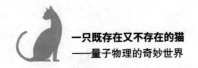

我的笔记

·尼尔斯·玻尔想用一种新方式来描述原子，他觉得量子是正确的方式。

·在玻尔的新原子模型中，电子不会盘旋运动，落在原子核上，是因为它们占据特定的轨道，在每个轨道上时它们的能量都是确定的。

·同时，爱因斯坦提出了相关的理论，促进了激光的发展。

·之后，爱因斯坦对量子物理的世界感到厌烦：他发现，实际上是无法预测电子是什么时候从一个轨道迁移到另一个的，也就是无法预测电子何时从一个能量态转为另一个能量态。这种"不可预测性"对于他来说是沉重的打击，但故事其实才刚刚开始……

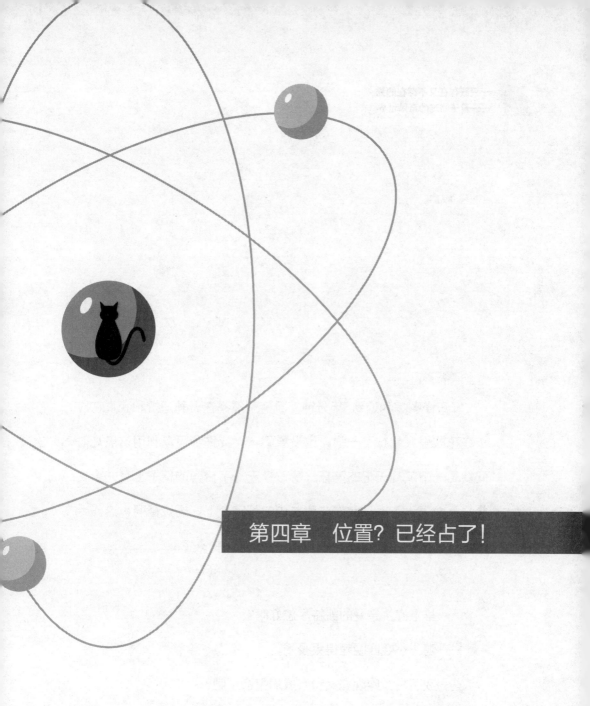

第四章 位置？已经占了！

对于懂得等待的人来说，一切都在恰好的时间发生。

——沃尔夫冈·泡利

好奇怪啊。我迟到了5分钟，凯特竟然不在。莉迪娅和我说它应该在花园里。我扫了一眼，也没看到它。或许我可以利用这点儿时间复习一下前几天记的笔记。咦？今天写字台旁的椅子上有一个枕头，上面落满了毛！我靠在我左边的写字台上。好奇怪啊，这些毛似乎不是凯特的，因为它们是红色的。啊，它来了。

——早上好，亲爱的凯特。您好吗？

——嗯……我昨晚睡得太少了。

——我明白，昨晚您又和亲戚们聚会了吧？

——不，是我的一个兄弟来找我了，我们聊得很晚。

——您兄弟的毛是红色的，对吗？

——你又是怎么知道的？你看到我们了？

——不，不，您看那边的枕头，痕迹非常明显呢。

——啊，是的。莉迪娅还没有打扫。呀！好困啊！

——亲爱的凯特，如果您想的话，我们可以推迟今天的采访，或者提早结束。

——我们马上开始。我们看看今天该讲哪里了，啊，是时候认识一位王子了。

——是的，我也觉得。在这个神奇的世界里，粒子可以转换成波，电子可以瞬间出现、瞬间消失，有一位王子是不错的。不过如果也有一位女巫出现，我更愿意相信这是甜品店的场景，而不是科学世界！

——你这话似乎有一点点讽刺意味呀。

——总之，我觉得物理学太疯狂了：无秩序运动的粒子、没有"确定"只有"很可能"以及"精神分裂"的有粒子和波两种性质的光。这真的要让人疯掉呀！

——或许吧，但是我请你不要抵抗，女人。物理学可以开阔你的眼界。物理学家永远不会在已经获得的成果上停留，他们总是带着创造力和好奇心去探索一个个未解的谜团。

——好的。您继续讲吧，看看这位王子发现了什么。

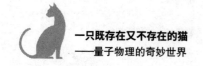

——与其说是"发现",不如说是"提出"。路易·维克多·德布罗意王子来自一个法国贵族,他们的祖先是从意大利皮埃蒙特大区迁到法国的。爱因斯坦非常欣赏他,并且把他比作"一缕太阳光"。

——噢,好极了!这意味着总算可以拨开乌云见太阳了。

——听完这段历史以后,你再来定义吧。按照家族的传统,德布罗意王子本来应该是成为一位外交官的。他的哥哥,物理学家、研究员莫里斯非常热爱科学,以至影响了德布罗意,使他更愿意将精力放在原子的研究上。就这样,这位王子成了第一批支持量子假设的科学家之一,并且在他1924年发表的博士论文中,提出了一个革命性观点:如果爱因斯坦认为光可以由看不见的量子组成,我们为什么不能大胆假设电子也有波的性质呢?不只是电子,甚至是所有的粒子。得益于这一假设,德布罗意以一种前所未有的方式引出了玻尔的原子模型,他将电子想象成频率为f、波长为λ的电磁波:在不同的电子原始轨道上(或者说稳定态),只有具有完整波长λ的电子才能占据位置。因此,稳定的电磁波代表了电子,这些电子"摆锤"不能够释放能量,它们最终会落到原子核上。这样,德布罗意就解释了物质的稳定性。

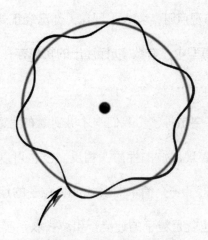

具有稳定电磁波的电子轨道

——好吧，这个历史的转折来得有些突然，但我相信自己会习惯的!

——好样的。现在我问你一个问题：你知道其他的稳定电磁波吗？

——不知道!

——怎么会？！你平常不听音乐吗？

——当然听啊!

——从吉他弦或者小提琴弦发出的声波就是稳定电磁波，因为它们的波长通常是和弦本身的长度一样的。

——那这么说，原子内，在"弹奏"电磁波的，就是电子!

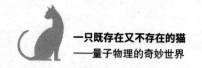
——好诗意的观点呀，女人。现在，你已经正式了解波—电子二元论了。在原子模型中，有数字 n 标注出的轨道存在稳定电磁波。

——好奇妙啊……

——女人，不要走神了。我们刚才讲到德布罗意提出了二元论：每个粒子都可以表现出波的性质，相反，波也可以表现出粒子的性质；并且，他提出了一个简单的公式，将粒子的运动量（对于粒子来说非常简单，也就是粒子的速度）和波长联系了起来：$p=h/\lambda$。这个公式是量子物理学的核心。

——不过，亲爱的凯特，从"现实"的角度看，这个公式意味着什么呢？

——不要急，慢慢来，女人。德布罗意当时在想如何展示他的论文。如果电子具有波的性质的话，那么在著名的杨氏实验中发生在光上的现象也会发生在电子上：从两道极其狭窄的缝隙中穿过，会形成典型的干扰现象。因此，他认为需要准备一块玻璃，然后用电子束来撞击它：原子与原子之间的缝隙就如同杨氏实验中光穿过的缝隙一样，电子会偏离原来的方向，形成干扰现象。真正成功完成这个实验的是美国物理学家克林顿·约瑟夫·戴维孙和他的同事雷斯特·革末。两位研究员用电子束撞击镍靶，发射出的电子形成了典型的干涉现象，

和杨氏在实验中看到光发生的现象一样。很遗憾的是，当时戴维孙仅仅是记录了实验数据，并不知道他们做的这个实验中隐藏着新的物理学理论。当他知道的时候，已经太晚了，英国物理学家乔治·汤姆森（发现电子的那位科学家汤姆森的儿子）已经证明了电子具有波的性质，在1937年获得了诺贝尔奖。这个时候，你或许会想这些都是纯研究性的东西，并没有什么实际性的应用吧？

——事实上？

——你错了！电子显微镜就是利用了电子具有波的性质这一特点。那是1931年，德国电气工程师马克斯·克诺尔和物理学家恩斯特·鲁斯卡研发出了电子显微镜，并凭借它获得了1986年的诺贝尔物理学奖。

——有意思，但是，我们什么时候会说到乔治·汤姆森的有名的父亲呢？

——你耐心一点儿，女人。我们现在已经到了新物理学和旧物理学一个重要的交汇点，一些科学家对此满怀热情，一些科学家却有些怨言。从这以后，物理学界的氛围变得火热起来！例如，如果1905年爱因斯坦提出将能量量子化，只要再过7年，量子物理学界就会获得更多的成功，即使看上去似乎更"愚蠢"了。

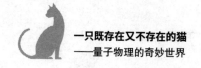

——我很好奇，这时爱因斯坦不想放弃经典力学吗？

——是的，而且你看接下来会发生什么：他之后发誓，量子物理是自己的"敌人"。不过现在，请允许我向你介绍维也纳物理学家沃尔夫冈·厄恩斯特·泡利。他的父亲是大学化学教师，教父是著名的物理学家和哲学家恩斯特·马赫，始终坚持将玄学与科学分开。泡利从小就接受着科学的熏陶，是一位天才。不过，他的性格很古怪。他非常狂妄自大，喜欢在夜里活动，经常在摩纳哥的小酒馆里喝得醉醺醺的，和人打架。他白天补觉，不干什么正事，在还是学生的时候，就经常逃课，睡到快中午。尽管他的生活很混乱，他超人的智慧和对物理学的极大热情还是让他在1921年10月当上了哥廷根大学马克斯·玻恩教授的助教。玻恩教授为量子物理学也做出了极大的贡献，他在1954年获得了诺贝尔奖。这个我之后再和你讲。现在我们回到泡利。1922年科学界流行的原子模型仍是玻尔提出的那个，它对于只有一个质子、一个电子的氢原子是适用的，但是……这个模型如何应用于其他原子呢？为什么当原子内的电子超过一个时，它们不会全部聚集到最低的轨道上呢？如何解释有些元素的原子极其不易和其他元素的原子结合，而有些元素，比如卤素的原子，就非常容易形成化合物？

沃尔夫冈·厄恩斯特·泡利

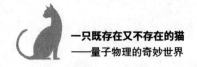

——天啊，好多问题呐！

——是啊。泡利会找到唯一的答案的。在哥廷根大学讲学期间，玻尔把原子看作是一个带正电荷的中心核，周围环绕着"轨道"或者外壳，上面分布着各种电子。这种外壳并不是物理意义上的壳，而是能级。那时候关于"原子共存"的规则还没有出现，正因为遵循了这种规律，电子才能分布在不同的能级上。泡利一直以来都在思考这个问题，后来，他读到了剑桥大学应届毕业生爱德蒙·斯通纳的一篇文章，文章把主量子数n和原子中的电子数联系了起来，这让泡利得到了启发。泡利意识到，电子排布所缺少的规则，就是假设存在第四个量子数，不止如此，这个量子数只能取两个值，而且每个电子都拥有唯一的量子数。

——慢着，凯特，你讲得太快了。我们一步步来！量子数是什么呢？

——量子数就是那些判断每一个电子的能量状态的数值。比如说，刚才就跟你提到的n，这个数字表示一个固定级，或者说是能级。此外还有数字1，它和电子绕核运动的动量有关，描绘了轨道的形态；而m呢，是一个磁量子数，指代被电子占据的轨道在空间的延展方向。泡利说，引入第四个数是有必要的，它可以取两个值，这两

个值数量相同，正负相反。两个电子只有在该数值相反的情况下才可以彼此靠近，换句话说，这就是泡利不相容原理。从属于原子的每个电子，这四个数值各不相同，这就跟你们这些两条腿的人，身份证上的数据都不同一样。这就解释了，为什么现在我没有被沙发吃掉，为什么你可以紧紧握着钢笔……

——凯特，我跟不上你的节奏啦。

——泡利不相容原理解释了物质为什么是"坚硬"的，不会相互渗透。如果不存在不相容原理，能级就会彼此交叠，不同原子的电子会拥有一样的量子数。这就好比强迫两个人同时穿同一条裤子，但这绝不可能！

——我没法把手指戳进墙里，这显而易见，可是如果我去戳搅拌的奶油呢？也会戳出洞呢！

——可你没有渗进奶油呀！仔细想想：你手指的原子并没有和甜点的原子交叠，因为这块空间原来是被奶油占满的，现在被你的手指占了。你的手指头触碰的时候，空气的分子和甜点奶油的分子都被挤开了。物质可以既坚硬，又柔软。这只是不相容原理的结论之一。再比如说，白矮星和中子星的存在也是因为物质遵循泡利不相容原理！

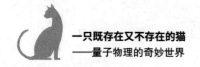
——从奶油到星星……量子物理仿佛一条魔毯，把你从一个奇迹带到另一个奇迹……原谅我离题啦，凯特。

——别担心，这说明你激情洋溢呀。泡利引入的第四个数是唯一一个与量子性质有关的量子数，不像其他三个，仍然与经典理论相关。实际上，为什么需要四个数来"固定"电子，这个问题让不少物理学家头疼。点式电子可以沿着三个空间维度移动，也就是说，有三个自由度。那么这神秘的第四个数字又有什么意义呢？因为它可以合理地解释元素周期表的结构吗？泡利没有做出明确的解释，他说，他没有找到一个合适的"经典"概念。当有人告诉他自己已经探索出个中奥妙时，他火冒三丈！

——泡利果然是个臭脾气！那么是谁探索出来了？

——是两位年轻的荷兰物理学家，乔治·乌伦贝克和塞缪尔·古德斯密特。1925年夏天，他们发现第四个数字是+1/2或-1/2。正如泡利预测的那样，是两个值，这揭示了电子的本质特性：一种量子旋转。于是他们称第四个数字为S——"自旋"，取自英文中的"旋转"一词，意思就是自己旋转。一个电子自旋，想象起来似乎很"方便"，但事实并非如此。电子是点状的，没有维度，如果它要像陀螺一样自转，移动速度就得比光快几倍，但这是不可能的，爱因斯坦的狭义相

对论也展示了这样的观点。玻尔对自旋的含义持怀疑态度，有些东西站不住脚，但情况很快发生了变化。两位荷兰科学家的理论出版后，爱因斯坦解决了自旋磁性方面的一些疑问（是的，电子表现得就像磁一样），而英国物理学家卢埃林·托马斯纠正了计算上的一个错误。量子物理学又向前迈进了不知多少步，然而面对玻尔的热情，泡利只是简单地评价道："这又是在胡说八道。"

——可我不明白：电子到底转不转啊？

——不是传统意义上的那种旋转，只是它表现出来的状态就好像自己在旋转似的。

——我越来越震惊了。关于物质，这支铅笔的原子，甚至我们自己，越是深入了解，我们原先所认知的那些事实就都……消失了！

——我知道，我也是费尽力气才相信……

——听我说，但是，泡利不给他的同事好脸色看，这种状态持续了多久呢？

——一直到1926年，他的所有异议都被推翻了。作为一个聪明人，他承认他不得不接受同事们通过实验和精密计算收集到的数据。自旋结束了旧量子力学的历史——第一次没有人提到在经典物理学中有相对应的特征。比如它们有可能是波浪、粒子或是轨道形

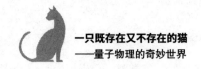
状。自旋是一种纯粹的量子效应。

——哇哦，那泡利肯定很骄傲！还是说他依然不满意呢？

——嗯，你知道，这位科学家日子过得不算太好。他的母亲自杀了，不久后，1928年，他被任命为苏黎世联邦理工学院理论物理学的教授，爱因斯坦也在那里学习过。为了应对生活中的困难，他决定借酒消愁，不幸的是，痛苦并没有消失。1929年，他娶了一位芭蕾舞演员，一年后又离婚了。他越来越孤僻，变得性情暴躁，和同事间摩擦不断，甚至差点丢掉了教师的岗位。每到夜晚，他总喜欢在醉汉中间吵架，就像年轻时那样。幸运的是，在他的绝望之情到达顶峰时，他的父亲说服了他，让他和卡尔·古斯塔夫·荣格大夫谈话，卡尔先生和泡利一样，也住在苏黎世附近。

——噢，是啊，荣格是著名的分析心理学奠基者。

——这两位学者成了好朋友：保利曾经记录了大约一千个梦，而当中有四百个梦都和与荣格的谈话有关。除此之外，泡利开始痴迷于数字3和4。

——痴迷？

——他深信这些数字都笼罩在神秘的光环下。也许有点不可思议，但正因为这种确信，他才有了引入新的量子数的想法：他觉得

他"必须"使用第四个数字。不仅如此，你知道他是怎么解决β衰变的问题的吗？1930年那时候，这问题可还是未解之谜呢。

——嗯，β衰变，你的意思是破坏原子核？

——不是"破坏"，只能说是衰变。原子核不稳定是因为中子或质子过量（有点像勉强装了太多东西的购物袋，迟早会破的），为了达到稳定状态，就要衰变。如果在β模式下衰变，就会产生一个新元素（子核），以及电子（或反电子，也称为正电子）和中微子（或反中微子）。原理是这样的：衰变到最后，就剩下三个碎片。然而，在泡利那个时代，中微子还不为人们所知，科学家们认为剩下的碎片只有两个。困难是巨大的，因为一开始和之后状态当中的能源数没有返回，β衰变似乎没有遵循最高节能原则！

——这跟泡利对数字3和4的狂热有什么关系呢？

——很简单，泡利坚信母核并不是粉碎成两块，而是三块，因为这才是正确的数字。他是对的：再后来人们就发现了其实还有一个中微子。

——真不敢相信。

——1956年6月14日的一封电报让泡利明白自己是对的。发件人是物理学家弗雷德里克·莱因斯和克莱德·考恩，他们在美国第一核

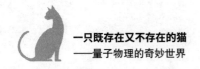
反应堆工作，有机会检测到了大量的中微子。泡利对他们电报的回应是："对于懂得等待的人来说，一切都在恰好的时间发生。"

——好美的句子！

——是啊。这就是为什么我告诉你，那些认为物理学家冷酷而理性的想法只是一种古老而刻板的印象，拥有这种想法的人从来没有真正认识过一位物理学家。真正的物理学家都有点疯狂，但都和蔼可亲。

——我想，这得慢慢消化！

——是的，我同意！咕噜咕噜！要讲完泡利的故事，就不得不提粉色的爱情啦！在1933年的一场聚会上，他认识了他的挚爱，弗兰齐斯卡·伯特伦。第二年他们就结婚了，并幸福地相守一生。

——噢，太好啦！经历了这么多磨难，泡利终于得到了一点平静。

——那我再给你讲讲，他最后一任助手是查尔斯·恩茨。他去苏黎世医院找泡利的时候，泡利已经时日无多了（那时候是1958年12月），这位科学家提醒泡利，他的房间号是数字137。这个细节可能看起来毫无价值，但对于泡利而言，却像一个"符号"：描绘宇宙最重要的数字之一是精细结构常数，即1/137。如果这个定量稍稍有什么不一样的值，我们所知的这个世界就不会存在了。

——凯特，我真的听入迷了，我真想结识泡利呀！还有玻尔，
还有其他所有人！

——真好，你能喜欢这些物理怪人，本小姐很满意。

它说"本小姐"？！看来凯特真的很累了，才会这样说错话。
最好让它安静会儿，我就回家整理笔记吧。

——亲爱的凯特，您休息一会儿吧。特别感谢您给我上的这堂
有关物理和人性的课，精彩极了。

——亲爱的，明天见，还会有其他惊喜哟！

我的笔记

·德布罗意王子说：如果物质表现得像波浪一样会怎么样呢？于是新的原子模型诞生了，在轨道 n 当中，存在稳定电磁波。

·电子能级的概念。

·沃尔夫冈·泡利提出了他的不相容原则——没有任何电子拥有相同的一系列量子数。这可以解释为什么物质是"坚固的"。

·自旋的概念是指第四个量子数和一种电子旋转有关。

第五章 神奇的矩阵

提出正确的问题，往往等于解决了问题的大半。

——沃纳·卡尔·海森堡

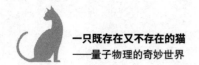
昨晚我三点才入睡。我毫无困意，一直在思考泡利和他的数字，思考电子自旋，它旋转了，但它又没有转动。我再也不要吃完晚餐还工作了！想想吧，我放弃了和我最好的朋友出门的机会。我还是那个书呆子，永远不会改变。好吧，就这样，我到了凯特家。

——噢，你好啊小姐！

——你好，莉迪娅！

——到厨房来吧，尝尝我的杯子蛋糕，新鲜出炉哟！

我自然没有反对，跟在了莉迪娅后面。此外，我读了一本非常精美的书籍，上面记载了那些"进行科学革命"的科学家的传记，我发现我和泡利这位天才人物有了共通的地方。不，不是头脑相

似，而是胃，对甜食的热情！

一走进厨房，我就注意到桌子上有一个托盘，上面盛满了小杯子蛋糕：香味让我忘记了我其实从出生起就开始节食了。莉迪娅递给我一个小盘子，邀请我坐下，靠近我耳边低语：

——小姐，很抱歉这么对您说，但是今早您可不可以不要和凯特待到很晚呢？也许您可以中午的时候就下课？

——当然可以，莉迪娅女士，没问题的。我可以问问为什么吗？

——我得带凯特去兽医那里接种疫苗，每年都要种的。我不希望它现在就发现这件事，否则它会很紧张的，它的课堂可能就会变得干巴巴的，就是这样。

——别担心，莉迪娅，我会和凯特说我有事情，不得不离开。

女士微笑着给我倒了一杯橙汁。我问她可不可以带到小客厅去喝。凯特像往常一样，坐在小扶手椅上等着我呢。

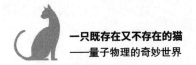

——早上好！

——好。你怎么从厨房来的？

它一脸狐疑地问我。

——噢，莉迪娅给我尝了尝她的甜点。太好吃了！

——嗯。她可以把甜点带到这里来的呀！

凯特紧紧盯着我。

——也许她不想让我弄脏客厅，要知道这些家庭主妇可是非常
爱干净的！

——要按照你这种说法，她就不会收养我了。你知道我每天掉
多少毛吗？你知道莉迪娅能在家里找到多少簇毛吗？更不用说花园
里的土壤和灰尘了。

——凯特，我不知道！我们可以开始上课了吗？

——你今天早上很紧张吗？

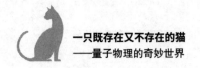

——没有啊！你这是在审讯我吗？

——我也感觉有点紧张。不管怎么说……我们开始吧！

呼，这只固执的猫，终于不再咄咄逼人了！

——你即将认识一位新的大脑天才——德国物理学家沃纳·卡尔·海森堡。

——我很高兴认识海森堡先生，但我好想快点遇到薛定谔和他的猫呀，我好奇得要命！

——耐心点，女人。马上就到他了。现在你可别打断我，不然我会掉毛的。

——噢，您是想说"丢失线索"吧。

——线索，毛……总之，你懂的。海森堡本来希望将自己的一生奉献给数学研究，而让他年纪轻轻就为之倾倒的却是物理。其实，在年仅26岁时，他就开始发表文章了，这将是他量子物理学专栏的开篇。让我们按顺序说吧。1920年，海森堡刚从高中毕业（他出生于1901年），他想参加著名的费迪南德·冯·林德曼的数学研讨

会，是费迪南德证明了希腊数字 π 的卓越性。他去慕尼黑大学面试，但是失败了。

——为什么面试会失败呀？

——林德曼那时候已经68岁，就快退休了。他有一点耳背，理解起海森堡的话很困难。他问这位年轻人读过什么书，海森堡骄傲地回答说，他已经阅读了德国数学家赫尔曼·威尔撰写的《时空问题》。他给出了错误的答案。海森堡在数学方面的品位实在是与冯·林德曼大相径庭，因此，林德曼没有让他参加自己的课程。这就有点像你对国际米兰的粉丝说你喜欢AC米兰。海森堡灰心丧气，向父亲寻求帮助。于是父亲请求他的好朋友，慕尼黑理论物理研究所所长阿诺德·索末菲帮忙。索末菲痴迷于原子物理学，他同意海森堡参加在那里即将举行的第一次研讨会。就这样，一位新星物理学家又要做出珍贵的贡献了！

——然后呢？

——海森堡很快就爱上了原子物理学和相对论，不过，在研究所往来期间，他遇到了改变他一生的同学——泡利。泡利性格强势，他说服性情温和的海森堡放弃相对论的研究，专心投身于量子学这一唯一领域。泡利认为，量子领域有太多需要研究的东西，会

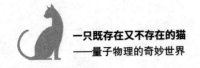
带来不少良机。海森堡便听从了他的建议。不过，故事才刚刚开始，决定性事件是一次旅行……

——旅行？哪里的旅行？

——1922年6月的一天，索末菲决定带一群学生到哥廷根学院参加玻尔节（一个节日），期间著名物理学家尼尔斯·玻尔将举办几次研究原子物理学的讲座。海森堡对玻尔简直是"一见钟情"。在他眼中，玻尔成了一个活生生的神话，他想要更深入地了解这位科学家。这种好感显然是相互的，讲座结束，在一片混乱中，玻尔邀请海森堡一起去山里散步。这让这位年轻人高兴得忘乎所以！

——去山里散步？玻尔还是个运动达人呢！

——是啊，他很喜欢散步，他说短途旅行可以帮助自己思考。回到慕尼黑后，海森堡必须参加博士考试。那是1923年，但事情并没有他所希望的那般顺利。教授问了他一些有关一般物理学的问题（包括电池如何工作），他不知道如何作答，陷入了困境。考试委员会对他很失望，想给他打不及格。好在索末菲介入了这件事，海森堡才得救了，以最低分结束了学业。

——亲爱的凯特，你知不知道，你给我讲述的事情真的太令人难以置信啦？

——为什么？这都是真的呀！

——我并没有怀疑它的真实性，但我们又不是这方面的专家，只能想象这些博学多才的物理天才，想象他们的大脑比计算机还要灵敏，想在某些事情上打他们个措手不及是不可能的，因为他们是天才。

——亲爱的，你脑海中这些画面可真是大错特错啦。就跟那个想法一样，人们总是觉得科学家都是冷冰冰的，只相信他们所计算的东西。你还记得我给你讲过泡利痴迷于数字的神秘吗？

——当然记得啦！

——泡利对占卜很感兴趣，特别是对数字命理学非常着迷，这是一种和希伯来字母有关的数字占卜术。更不用说他最深切的渴望了——实现炼金术士梦想。

——炼金术士？他们有点像魔法师，又有点像化学家，是吧？那还是在中世纪……

——这是最肤浅、最民间的看法了。炼金术要比这复杂得多。它是一种充满了符号意味的哲学。比如著名的寻找点金石，点金石能化石成金，就代表了向纯净蜕变和个体的完善。对于泡利来说，这就意味着试图了解无意识如何与科学联系起来，以及这两个实体

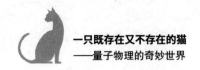

如何相互影响。

——啊……

——你说不出话了吗？那如果我告诉你，我们的朋友，埃尔温·薛定谔对印度哲学，特别是对吠檀多学派很感兴趣呢？

——原来我对物理学家的印象是错的，大错特错了。他们比我想象的要疯狂，不过也更亲切了。

——那么我们继续讲故事吧。你老看钟干什么？

——呃……嗯……因为我中午得走！我中午和朋友有约了。

——真气人！

——对不起，可是……

——我去让莉迪娅中午的时候来喊我们，可以吗？

——好的。

凯特出了房间，不一会儿又回来了，跳上了它的座位。

——我们继续讲故事。刚才讲到海森堡得了最低分，伤心沮丧，那天晚上，他决定离开，回到哥廷根大学去找马克斯·玻恩，他跟随玻恩学习，不久后就参加了博士考试。1924年3月15日，经

过几番书信往来，海森堡动身前往了哥本哈根，玻尔（那位与海森堡互相"一见钟情"的物理学家）在他的研究所等待他呢，那里已经成为市政府的一部分。在这栋小楼房里，有不少专门用来研究物理的场所（图书馆、教室、实验室等），还有许多屋子里住着来自世界各地的物理学家。除此之外，丹麦的领袖和他的家人也住在这里。在这样舒适的环境里，海森堡感觉到了一种庇护，不过要得到最终的宁静，还需要一小段时日。

——可怜的海森堡怎么啦？

——哥本哈根的氛围很愉快，但他遇到了许多头脑聪明的人，这让他有些气馁。他意识到自己还需要学习许多原子物理学方面的知识。此外，玻尔很内向，但海森堡却等不及想要深入发展友谊。有一天，海森堡还在思考如何能够接近他，转机来了。玻尔进了他的房间，建议他和自己一起出去几天，多散散步！海森堡终于设法和他的导师谈论了一切，既有生活方面的困惑，也有物理方面的问题。不过……

——哦不，别告诉我要发生什么不好的事情了！我太同情海森堡了！

——没有没有，你冷静一点。海森堡不知道的是，玻尔对他这

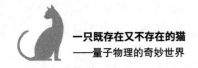

么热情，怎么说呢……是在为他引路。其实这事儿泡利也帮了一把。是他建议玻尔留意一下这个年轻人，因为他会成为量子物理学领域宝贵的人才。总之，泡利的推荐对物理事业大有裨益。

——原来如此，我还以为要发生什么糟糕的事呢。

——1925年4月底，海森堡不情愿地回到了哥廷根。他深受量子物理方面一些问题的困扰，别的什么也没办法思考，6月就生病了。他发了高烧，而且抑郁消沉。是时候来场休假，远离所有的人和事了。于是，他来到了北海的赫尔戈兰岛，在这里抚慰了情绪，改善了健康，得到了更多的宁静，这位年轻的科学家又恢复了精力。

——休假确实有益于身心！

——他的脑海里经常盘旋着一些问题，其中之一就是：原子内部发生了什么？电子如果获得或是损失能量，如何才能消失，然后重现在空间另一点？量子"跳跃"不是真正的跳跃，不是像猫一样跳离地面，落在墙上。电子并不从空间内穿过，只是简单地出现并消失，当然也不会升温！

——亲爱的凯特，这对我来说太神奇了！

——我知道，这很难接受。量子世界的现实迫使我们付出巨大

的努力，以与现有习惯完全不同的方式去看待事物。让我们再来讲述年轻的海森堡的苦恼。有一次，他正在思考，突然得出了结论，考虑不可观察的元素是无用的。这块被叫作量子物理的蛋糕，其成分必须是可测量的。比如说：电子在跃迁期间发出的能量就是可测的，然而它的轨道却不可测，那么继续探索轨道又有什么意义呢？那就滚吧，去他的轨道，快滚开！于是海森堡创制了原子模型，想象它由无休止的振荡组成，振荡的频率与原子可以发出的频率相一致。你还记得是谁第一个用这种方式看待原子的吗？

——当然记得，是普朗克！

——真棒！现在我们要说到问题的本质了！

——太好了！要开始讲薛定谔了吗？

——不！还没到呢！现在让我们谈谈矩阵。

——矩阵？我倒是知道烟肉酱，啊哈哈哈哈！

——女人，你的幽默感简直是在攻击我的心理健康。我假装没听见你说什么。

——怎么可能听不到！您的耳朵那么大！

——什么？我的耳朵怎么啦？

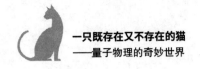

它一边照着玻璃窗一边问，每根毛发都写着猫科动物的虚荣心。我以前可不知道，原来公猫也会对自己的外表这么敏感。

——我现在闭嘴。您继续说吧，拜托啦！

——量子这块蛋糕必须得到改进：海森堡在盛装蛋糕配料的碗里加入了电子在跃迁时获得或是损失的能量所具有的独特频率、振荡器的动量p，及其从平衡位置q的位移。他利用这些元素制作了一些表格，并将它们相乘，像巫师一样朝着冒烟的大锅里填东西，用数学之勺搅拌，相乘，得出结果。这一切奏效了——他能够计算出氢原子的能级。海森堡在不知情的情况下，使用了被称为矩阵的数学对象。矩阵一词来自拉丁语"matrix"，意思是母亲，子宫。它们用表格的形式显现出来：一系列成排的数字或符号，长度均相同。要知道公元前300年的时候，中国数学家就提到过这种数学对象了。这个名字是由英国人詹姆斯·约瑟夫·西尔维斯特在1850年提出的。列是并排的，可以形成一些直线。通过一些简单的规则将直线中的元素相乘，列中元素就可以得到一个数学上的关系。

——那海森堡……

——他使用了矩阵之间的乘法运算，得以计算原子能级的数

值。不过他并不能确定自己算出的结果是否正确。22岁的帕斯夸尔·乔丹开始思考这个问题，试图解开迷雾。他是一位年轻的物理学家，是玻恩选过来深入海森堡的工作的。

——所以乔丹变成领导了？

——是啊，不过这种都是团队工作。乔丹明白，这些乘法规则背后是矩阵的数学原理。就在这个时候，玻恩探索出了联系粒子速度与位置的公式，其中也出现了著名的普朗克常数。于是，几个月内，支持量子力学的数学框架就建成了！

——那海森堡说什么了吗？

——在乔丹的作品发表前不久，海森堡就收到了他的成果，他和玻尔讨论这件事时，是这样说的："……我一点也不懂。全部都是矩阵，要看懂这些太困难了。"

——难以置信：明明是因为他，研究量子物理才成为可能。可他却不知道自己是怎么做到的！不管怎么说，天才就是天才。

——现在我们到了一个非常重要的时刻：来正式谈谈矩阵力学，这是量子第一次拥有自己数学的描述。尽管如此，物理学家依然不甚满意。

——依您之见，这是为什么呢？

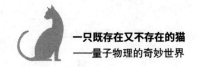

——嗯，你可以直观感受一下，从物理的角度来看，什么是矩阵？它代表着什么？电子在既定的轨道上绕原子旋转——真的有必要抛弃这种想法吗？把有关轨道的想法弃如敝屣真的对吗？海森堡依然把电子看作粒子，怎么把这种观点和波动方面的观点相调和呢？总之，研究越是深入，迷雾就越浓！要知道爱因斯坦一直认为，海森堡的计算是"魔法"。

——我的妈呀，好难呀！

——那么谁将会尝试把物理带到一个更理性的维度呢？

——谁？

——终于说到他了，薛定谔！

——我们终于说到他了，耶！

——打扰一下……

莉迪娅温柔的声音打断了我的热情。

——小姐，已经中午了，您跟我说您有约。

——哦，是的，谢谢莉迪娅，我现在就去！对不起，亲爱的凯特，我们不得不在最精彩的地方就此打住啦！明天见！

　　我匆忙地收起笔和笔记本；而凯特就像一个吞噬了能量，即将跳到最高级的电子，消失，又出现在了厨房，去找粥喝。可碗是空的，猫笼却开着。

我的笔记

·海森堡热爱量子物理。

·1925年，海森堡思考得出，量子跃迁是一个谬论，决定放弃电子轨道的研究。

·海森堡把原子想象成无限振荡的集合，并在不知情的情况下使用了矩阵计算，由此算出了氢原子的能级。

·可是矩阵"在现实中"到底是什么呢?

第六章 方程，波，概率

我们的知识实际上往往只是暂时的，必须发现超越

所知之外的广阔新领域。

——路易·维克多·德布罗意

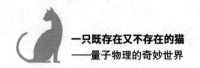
今早我迫不及待地想听凯特的新课。上一课我们终于要讲到著名的埃尔温·薛定谔了，这位物理学家把猫咪关进了盒子里。（只是假设而已！）

我摁了摁门铃，和往常一样，莉迪娅微笑着给我打开了门。

——早上好，小姐！进来吧，凯特在等着您呢。嗯，今天您得耐心点。

——怎么啦？

——唉，昨天我带它去兽医那里接种疫苗。要说服它进笼子可不是那么容易的：它用四肢抵着，然后变得像布丁一样柔软，接着又浑身僵硬起来。这可怜的猫咪受了一刻钟折磨，最后我朝笼子里扔了几块杏仁饼，这就足够把它骗进去了。很显然，胃总是不受控

制的！它发现自己在医生的桌上时，甚至不知道怎么出笼子了！它非常紧张，咬了兽医一口，溜到了桌子底下。我弯下腰试着去捉它，却撞到了脑袋。医生仔细检查我的头骨，看我有没有撞伤，这时候凯特像闪电一样扑向墙壁，像蜘蛛一样爬上了天花板，然后四肢着地。最后它终于听天由命了，它的心脏剧烈跳动，连听诊器都没法儿听出心跳！

　　——好惨！

　　——疫苗已经接种好了，可是从昨天开始它就不说话了，像一只大理石猫一样沉默。祝你好运，小姐。

　　莉迪娅离开了，把我独自留在前厅。我把黑色风衣挂了起来，趁着昏暗的灯光走到了上课的小客厅。凯特就在这儿。它蜷缩在绿色的小扶手椅上，蹙着眉头，半闭双眼。

　　——嗨，亲爱的凯特，你还好吗？

　　——哼。

　　——哎，你昨天的惨遇可不关我的事！

　　——呵，是吗？你明明也知道的，叛徒！你本来可以提醒我小

103

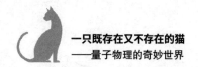

心提防的，不是吗？

——我那时候什么也不知道。

——你用你的猫发誓！

它用力眯起眼，像蛇一样"嘶嘶"地说。

——你怎么知道我有猫？

——你手机放在桌上呢，上面有照片。

——那也可能是随便哪只猫啊！

——它待在那本最有名的介绍量子物理的书上，旁边还有一小块巧克力，正好你很爱吃巧克力，所以，这就是你的猫。

——噢，总之，你昨天小小痛苦了一下，还真引出了不少事儿！

——啊，你就是这么想的吗？你知不知道那该死的针把我的皮都戳出洞了？

——是啊，凯特，我明白，不过整个过程就持续了一秒钟；而你却甘愿冒着生病的风险，特别是你还想爬上墙。

我忍不住笑了，激怒了凯特。

——是啊，是挺搞笑的，也许我那时候是想试试隧道效应。

——什么效应？

——一种量子效应。我不知道自己想不想谈这个。我今天心情不好。

作为回答，凯特转过身，蜷成一个球，只给我留下了一个背影。它的尾巴从扶手椅上垂了下去，焦虑地摆动，仿佛一个发疯的钟摆。

——亲爱的凯特，你要休息吗？可是你什么时候才能给我讲讲薛定谔，讲讲盒子里的猫呢？我们本来已经讲到最高潮了！哦，凯凯凯特，拜拜拜拜托啦！明天我会给您带一盒您最爱的杏仁饼，不，两盒！外加一只布制小老鼠，一咬就会发出"吱吱"声的那种！

凯特突然转过身来"喵喵"叫。

——你实在是太讨厌了！好吧，你闭嘴就行了，让我来讲，就当是为了所有的质子。

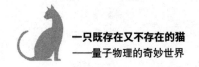
我点了点头表示同意，坐在书桌旁，打开笔记本，握起笔，做好准备。我准备好捕捉每一个字眼了，就像水果刚刚成熟时恰好出现的农民。

——伟大的物理学家薛定谔于1887年8月12日出生于维也纳，这是一个与他的直觉有关的真实故事，没有一个人知道，也没有任何官方资料记载，但我们猫家族知道真相。母亲"喵喵喵"地讲给摇篮里的小猫听，就这样母子相传。

——真好奇。

——好奇什么？

——一般都是说父子相传。

——好吧！嗯……要知道公猫……怎么说呢，干完那事儿以后就再也不见猫影儿了。

——有时它们也会回来的。很明显知道这些故事的都是母猫，对吧？那你就是个例外！

——嗯，是的，我当然是。现在就别计较性别了。这是一个激动人心的故事，和我的曾祖父有关，因为它，埃尔温的观念才明朗了起来！

莉迪娅

——你确定？

——这就跟我的毛会在太阳下闪闪发光一样真实。

——我觉得很奇怪，一只普通的猫可以……

——小姐，你冒犯到我了！我们猫知道世界上的每一件事！量子物理学就是其中之一！

——好吧，不要生气嘛，我就是说说而已。

——没关系，两条腿的，什么也别说，你那张嘴里只会说些没用的话，就别张开呼出水蒸气来增加宇宙的熵了（熵：热力学中表征物质状态的参量之一）！

——好吧，我闭嘴。你别在意我说的话，我只是说薛定谔的传记中从来没有提到过他是猫咪爱好者这件事……

——好吧，传记可能会有遗漏的。我家族的猫都学识渊博，几代猫都热爱科学，并且毫不犹豫地和埃尔温分享它们的知识。就像1935年的那一天，埃尔温把我的曾祖父抱在膝头，思考当时量子物理的解释之荒谬。神奇的是，我这位亲戚的毛球启发了薛定谔，让他明白要如何取笑那些支持这种解释的人。这就是著名的思维实验——薛定谔的猫。

——我们终于讲到这儿啦！我竖起耳朵了！

——冷静点，女人，还没到呢。这只是小小的开场白，是一顿饕餮盛宴的开胃菜而已。

——哎哟。

——闭嘴，耐心点听我讲。这位可爱的奥地利人1910年毕业于维也纳大学物理专业。他觉得他应该跟随著名的理论物理学家路德维希·波兹曼继续深造。然而在薛定谔报名的前几周，波兹曼自杀了。

——噢，多么悲伤的故事！

——唉，是啊。更何况他是在意大利度假的时候自杀的，妻子和女儿都在身边。你们人类可真奇怪。

凯特看着窗外，陷入一阵尴尬的沉默。也许它的曾祖父是波兹曼的猫的朋友？我正准备说些什么，凯特又开始讲述了。

——一年的兵役后，1911年，薛定谔成为大学的助教，然而第一次世界大战使他暂别了学术研究。1914年8月，薛定谔来到前线正式成为炮兵。在战争的尾声，考虑到奥地利艰难的生活条件（获胜方切断了食物供应，许多人饥寒交迫而死），薛定谔移居到了德

国，1921年又搬到了瑞士。从那时起，他开始与量子物理学有了关系。德布罗意对波粒二象论的研究让他无比震惊。他认为，如果存在波，那么一定存在能够描述它的数学。他沿着这个想法进行了多次尝试，终于成功写出了波动力学方程式。1925年，圣诞节前不久，薛定谔前往瑞士阿罗萨的滑雪胜地准备休息一下。

——好吧，在大自然当中孤身一人思考。

——是啊，为什么不去呢……

——是啊……当然了……

——你知道他是怎么说的吗？健全的精神寓于健康的身体。雪，壁炉，那些日子里甜蜜的陪伴和浪漫的气氛，对于薛定谔写出正确的方程式非常有用。德布罗意的波是一维的，并且"嵌入"在绕核周围的轨道上，与此不同，薛定谔的理论在氢核周围建立了所谓的轨道，即形态各异、大小不同的三维地带，电子就宿在其中。比如说，基本轨道是球形，而第二级则类似于……你知道有种红酒做的糕点叫作"假桃"吗？

——嗯！第二级可真好吃！

——我们现在到了1926年2月，薛定谔波动方程能够预测出氢原子的能级，并描述原子能量的释放与吸收。有了这个理论，神秘的

量子跃迁似乎就消失了：一个人可以连续地从前一个三维电子波传

递到另一个三维电子波，无须思考人为什么神秘地失踪了。

$$-\frac{\hbar^2}{2\mu}\frac{\partial^2 \Psi(x,t)}{\partial x^2}+U(x,t)\Psi(x,t)=i\hbar\frac{\partial \Psi(x,t)}{\partial x}$$

一维薛定谔方程

$$-\frac{\hbar^2}{2\mu}\left(\frac{\partial^2 \Psi}{\partial x^2}+\frac{\partial^2 \Psi}{\partial y^2}+\frac{\partial^2 \Psi}{\partial z^2}\right)+U(x,y,z)\Psi=i\hbar\frac{\partial \Psi}{\partial t}$$

三维薛定谔方程

$$-\frac{\hbar^2}{2\mu}\nabla^2\Psi+U\Psi=E\Psi$$

定态薛定谔方程

——我的天，这好难想象啊！

——我知道，女人，量子物理学没有什么画面感，这对你来说

是个美丽的悲剧。你的人脑只能通过构建图像"运转"！

——呃，是啊！通过掉落的苹果联想到引力就很好理解。

——确实很好理解！生活的每一天，也就是在大宇宙之中，经

典物理总是发挥出极强的作用！别灰心，听我讲。薛定谔还成功构

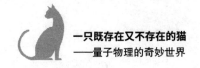

建出了一个依赖于时间的波，以描述电子系统随时间发生的变化。描述"电子波"的公式，与那些描述已知物理波的数学表达相同，这一事实严重打击了海森堡。还记得吗？海森堡是通过矩阵描述粒子的，然而矩阵的概念太过"抽象"，并不容易为科学界所消化。此外，物理学家们要掌握薛定谔提出的波，就要面对微分方程的问题，这也是大家钻研多年的数学问题的一部分。简而言之，薛定谔的物理学就是巧克力，要和微分方程制成的面包一起食用，明白了吗？事实上，薛定谔一举成名了：他告诉自己的同事们，大家不需要再去想象一个抽象的世界了。他觉得自己成功完成了一项伟大的事业，因为他恢复了粒子的真实感。多亏了他的天分，物理学回到了"正轨"，不过又披上了一件新的数学外套。

——总之，物理学家们又可以回去睡个安心觉了。

——哦，不！这他们可从来没想过。那个时候他们就像是要把灰尘藏在毯子下面一样。

——我没懂这是什么意思。

——面对那些依然像没有月亮的夜晚一样黑暗的问题，他们假装自己毫无进展。比如说，难以将波束固定在某一位置上。既然波并不固定在一个点上，而是在空间中分布，他们怎么能准确地说出

波的位置呢？这意味着德布罗意的电子就像狂欢节的流星一样在空间中散落了，而且，波的作用是描述它本身在某个精确瞬间的形状。这依然存在一个问题——振荡到底振的是什么？比如：池塘中的波浪上下振荡的是水分子；声音前后振荡的是空气分子。可是电子波是什么鬼玩意儿？要我说，电子波并不是由电荷振荡产生的电磁波，而是与粒子的量子行为有关。它在物理上代表什么呢？薛定谔认为，虽然不确定它到底是什么，但一定是物质波。他觉得电子只是看起来像一个粒子，但实际上却是波包，也就是许多波叠加在一起。这些波具有不同的能量，因此它们的干扰就会在某个确定的空间产生一个波。总之，微粒只是一种幻想。尽管确凿的实验证据表明，它是粒子，但是薛定谔无法解释他的波包如何拥有电荷，以及如何解释第四个量子数——自旋的存在。

这些基本问题仍然没有得到解决，但波理论的成功却是首屈一指的。如果说牛顿的物理学是每天都开的汽车，那么量子物理学就是鲜少有人能够驾驶的宇宙飞船，乘着它可以访问原子级的未知世界。普朗克欣喜若狂，爱因斯坦给薛定谔写信说，他是一个"真正的天才"。

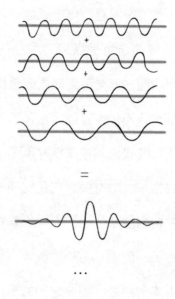

波包

——那海森堡后来怎么样了？气得吹胡子瞪眼吗？

——是的！海森堡和薛定谔之间产生了激烈的竞争。他们都坚信自己是正确的，坚信自己找到了物质的本质。尽管薛定谔怀疑这也许只是两种看似不同但其实相同的描述方式，他们两人依然坚持着自己的立场。海森堡每天都在失去粉丝，最后他爆发了：他称他的同事玻恩是"叛徒"，因为玻恩在自己的研究中使用了薛定谔方程。然而，后来弄清一切事实的也是玻恩。他明白，量子的本质不仅是薛定谔眼中流动而连续的波，也不仅是海森堡眼中离散且"跳跃"的粒子。玻恩利用概率的概念，成功地将微粒和波结合了起来。

——概率？是类似于我从这里出去有十亿分之一的概率能遇到我最喜欢的演员，他还告诉我他爱上了我，想要娶我这种吗？

——你想象力可真丰富！

——好吧，那就没有求婚呗，如果他想跟我同居我也挺知足了。您有没有看他最新的电影？噢，真的很好看，他演了一个……

——确实很有意思，两条腿儿，我发誓，我真想听你讲好几个小时，可是我的毛马上就要白了，我想继续讲我的故事，今晚我得参加一个宴会。

——又有宴会了？

——我们猫是社交动物，知道吗？

——不，我不知道，但这次您得答应我，不要吸太多猫薄荷了，不然明天还怎么给我上课呢？

——我一点儿也不想给你保证。

唉，什么臭脾气呀！

——现在让我继续讲吧。玻恩真的非常、非常有勇气：他不仅

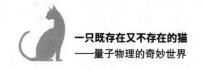

给予了波函数新的意义，还宣称有必要放弃决定论，决定论在经典物理学当中特色鲜明，就像玛丽莲·梦露用双氧水（过氧化氢）染成的金发。

——决定论……

——如果我知道一个粒子的初始速度和位置，就可以计算出它在某段时间后的位置。以此类推就可以算出地球在一分钟，一小时，两天，三年，甚至十个世纪之后的位置。换句话说：如果我知道初始条件和作用于物体或物体系统的力，就可以"预测"或更好地确定其未来。因果是相连的，你明白吗？如果你拿起笔又把它丢掉，你会准确地知道它什么时候丢在哪里；所以说偶然是不存在的，存在的是因果。你能明白这种事情的重要性吗？

——能，能！

——如果对象的数量变得极大，比如，分子的数目足以组成气团，就像太阳一样，这一切又不同了！通过了解每一个分子的坐标来进行预测十分艰难，因为粒子成千上万，它们的坐标更是多如牛毛，难以计算。于是科学家们采用了统计学：他们计算可能性最大的粒子速度值和它们的平均能量。一般来说，可能性最大的值的统计和计算仅仅用于实际需要，然而量子物理学的目的却截然不同。一个电子

击中一个原子，并不像桌球中一个小球击中其他小球一样。实际上，在微观宇宙中，我们必须满足于一系列概率的计算。电子返回的某种可能性，电子继续向右移动一点的可能性，其他可能性……在疯狂的量子世界中，我不能在发生碰撞后问"现在电子在哪里"，而只能问"电子在这里的概率是多少，或者在那里的概率是多少"。我再说一遍：这并不是因为缺乏计算能力，而是没办法获得这些信息；因为这些信息在量子世界中是封闭的，就好像我们和微观世界中间隔着一扇紧闭的大门，上面写着"不得进入"。当然也没有任何钥匙能够打开它。那么，这些概率菜单给我提供了什么呢？

——嗯，是什么呢？

——波函数，玻恩的直觉很准！

——波函数不是物理波，薛定谔也是这么认为的！

——没错！它也不能提供粒子的确切位置，只会说明粒子出现在这里而不是那里的概率。很惊人吧？

——我无话可说。量子原来这么古怪，要我思考并且接受这个事实真的挺难的。也就是说，我现在摸着这个桌子，它看起来很坚硬，摸起来也很坚硬，但是组成它的粒子却都疯狂无序！

——是的，原子世界的粒子都不受严格的规则的束缚。它们是

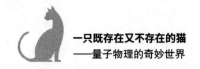

一群流氓，有自己的规则。就拿核的衰变来说吧，核破裂开来，又从中生出两个新元素以及一些粒子。这种衰变也是一种量子现象——你无法预测何时会发生。

——也就是说，我有一个不稳定的原子，它一定会衰变，但我却无法计算出衰变发生的时间，对吗？我只能得到一系列的概率，是吗？

——没错。你可得记好这个例子，因为我的曾祖父是这次争论的中心！

——哇哦，我们终于要讲到这儿了！

——不，还没有呢，你还得先了解些其他的东西。

——唉。

——我总结一下：玻恩说薛定谔计算的波是一种概率波，是"纯"数学对象。概率不是我们不知计算的结果，而是量子世界中一个独特的存在，就好像……

——……像猫的尖耳朵！

——女人，你这个例子不太恰当。有些猫就没有尖耳朵，比如，苏格兰折耳猫！

——天呐。那就像是猫的尾巴。

——错了！马恩岛猫就没有尾巴。

——哎呀，那就像猫柔软的毛。

——别！斯芬克斯又被称为"无毛猫"。

——我投降了。

——概率是量子世界一个自然的特征，就像猫一天要睡十八个小时一样平常！能理解吗？

——"理解"对我来说真是一个沉重的词。我会好好注意的！

——很好，两条腿儿，我很喜欢你的态度，从不装模作样，从不不懂装懂。正如伟大的科学家理查德·费曼所言，如果你声称自己了解量子物理，那就意味着你什么都不懂！

我微笑了。凯特想要拖着我在这个陌生世界的蜿蜒道路上前行，这份热情几乎感动了我。它又重新开始说话了。

——当然了，薛定谔坚决不同意他的方程只是一个纯数学的东西！认同玻恩的解释，就相当于认同电子和原子之间冲突的结果是完全随机的！决定论是那时候所有已知物理学得出的结论，但它就这样完蛋了。有一天，薛定谔重申自己的想法，说道："我无法想

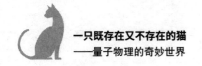

象电子会像跳蚤一样跳来跳去。"在薛定谔的课上，海森堡和薛定谔当众起了冲突，这件事闻名历史，他们就像鸡窝里两只年轻的公鸡，挑牙料唇。海森堡似乎占了上风，因为他提出波动力学不能像光电效应那样解释物理现象。一位老教授反驳了他，让他闭嘴了。老教授相信薛定谔有能力"在适当的时候"研究这个问题。

——可怜的海森堡。看，他让我越来越心软了！

——1926年秋天，玻尔邀请薛定谔在哥本哈根举办了一系列有关量子学的讲座。整个讲座期间，玻尔一直试图说服薛定谔，告诉他研究波动力学的"物理"方法是错误的，但薛定谔毫不让步。他和玻尔争吵时，说电子从一个能级跳到另一个能级的观点简直愚蠢至极。换句话说，薛定谔丝毫不想放弃他的世界观。对他来说，经典物理学仍然是描述现实的唯一方式。玻尔就更加不愿意放弃电子跳跃的观点，转而接受电子那幽灵般的"行星"轨道之存在了。1927年8月，薛定谔接替马克思·普朗克，成为柏林大学理论物理学教授。在那里，他找到了一个像他一样对世界概率论"过敏"的人——爱因斯坦。1926年12月，爱因斯坦给玻恩写信说，尽管量子物理学确实是个有趣的观点，但他无法接受。在这封信中，他写下了那句著名的话"他不掷骰子"，他指的就是上帝。爱因斯坦借这

句话嘲笑了将概率作为一种现实世界的规则或非规则的理念。简而言之，这一切就像是足球联赛当中，球迷们开始选择自己最喜欢的球队：赞成或反对量子学。

——什么时候才能讲到你的曾祖父被关进盒子里的故事啊？

——别急，别急，还得再过一段时间。你觉得我们明天再见怎么样？再过几秒钟我的肚子就要饿得向我提出抗议了，这种概率极高！

——哦！当然了，亲爱的凯特。我们明天同一时间见，怎么样？

——极有可能。

　

我把笔记本放回包里，突然想起凯特还没有给我解释什么是隧道效应！现在再去叫它也无济于事了，它已然消失在厨房。

我的笔记

·薛定谔提出了波动力学：用三维波表示电子，电子核附近有轨道存在。

·薛定谔提出了波的概念，那么是不是就该推翻量子无形的跳跃这一学说了？

·玻恩有一个天才般的想法：他说薛定谔的波是纯数学问题，可以表示出计量结果的概率。

·丑闻：如果是这样的话，那么决定论就处在水深火热之中了，甚至会死得很快。

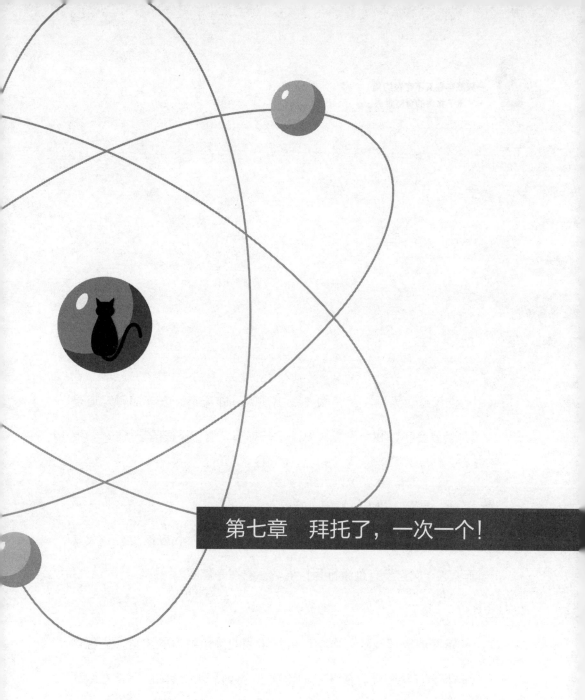

第七章　拜托了，一次一个！

科学家并不是与人文学科的思想割裂的。

——马克斯·玻恩

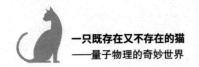

谁知道今天早上凯特会不会出现呢。昨天它又去参加不知道是第几场宴会了，我可不想再见到它一副猫草消化不良的样子。

——早安，莉迪娅！怎么样呀？

——很好，小姐，凯特昨晚很早就回来了，我应该没有夸大其词。这一次它没有过激行为！请吧，它在等您呢。

镶木地板"吱吱"作响，引起了我的采访对象的注意，它猛地转向我。一缕阳光斜倚在它的轮廓上，照得胡须熠熠生辉，右眼闪闪发光，好似最纯净的水晶。真是一只漂亮的猫！

——猫教授，早上好！昨晚的宴会怎么样呀？

——都挺好的，家庭聚会很安静，孩子们玩了一会小老鼠就睡着了，于是我早早回了家。你真应该看看它们是怎么发起捕捉的：向前探出脑袋，摆动后背，然后……抓住了！它们抓着小老鼠的后颈甩来甩去，直到打碎它们的颈骨。真是一群小宝贝呀！它们全是阿姨的孩子！

——嗯！多谢你详细地描述了捕捉的场面。哎，你刚才说"阿姨"是什么意思？

——嗯，是啊。是我的一个好朋友，我和她很熟。好了，不说废话了，我们昨天讲到哪来着？

——我记得，是粒子还是波？什么样的量子世界观才是正确的呢？是薛定谔难以接受的概率波，还是大众无法认同的海森堡抽象矩阵？发生在哥本哈根的大麻烦……

——哦，是的！突然有一天玻尔再也受不了了。他有成千上万个疑惑，于是他决定休假一个月，去挪威滑雪！那是1927年2月。

——一个愉快的假期可以解决很多事情，看看薛定谔曾在他的山间小别墅里做了什么吧！哈哈！

——你笑什么？那段时间薛定谔可做了不少工作！

——是的，当然了，不好意思凯特。

——那么是谁留下来继续煞费苦心地思考呢？是海森堡！你们两条腿儿说得不错，夜晚带来灵感。午夜时分，他在研究所附近的公园散步，寒冷让他的神经瑟瑟发抖。就在这寒冷中灵感终于来了！海森堡认为，物理学家们提出的问题是错误的，正确的问题应该是：是什么让我们了解量子物理？为了核实自己的观点，他引用了著名的威尔逊云雾室实验来证明自己。

——云雾室？就是一个伸手不见五指的房间？

——更像是一个装满承载着水蒸气的空气的小玻璃容器。在这种条件下，如果一束像电子这样的带电粒子穿过容器，其路径就会留下微小的痕迹，也就是说水蒸气在粒子周围凝结了。这有点像飞机划过天空时你看到的白色航迹。

——啊，是的，然后就得在心里想一个数字。

——什么意思？

——字母表中每一个字母都有其对应的数字，所以可以是你正在想念的人名字的首字母！比如……

——女人，我是猫，但不是傻子。我知道你在开玩笑。我可以继续讲吗？

——当然了。

　　我可真是丢人丢到家了。

　　——海森堡提到了凝结在那个类似电子轨道周围的点的痕迹，问道："你们确信你们所看到的吗？在云雾室中观察到的痕迹并不是连续的，不像粉笔在黑板上划过留下的标记。如果你们更加仔细地观察，会发现它是一系列独立的点，它们的体积非常大，远远超过了电子。这意味着电子并不在某个精确的点上，而是从某个部分移动到了那个对它来说十分巨大的点内部。"你能跟上我的节奏吗？

　　——当然！

　　——"那在一个点和另一个点之间呢？你们确定自己知道电子在哪里吗？很显然答案是否定的。"海森堡觉得自己走在正确的道路上。在研究方程式时，他发现微观世界对于我们这些巨人来说是一个封闭的宇宙——它不会同时向任何人展示自己的每一面。

　　——同时？什么意思？

　　——你想知道电子的确切位置吗？很好，你可以测量它的位置，但你会忘记同时获取它的精确速度。你喜欢速度，想要测量电子的速度吗？那就测吧，但你又会忽略它的位置。这就是海森堡的不确定原

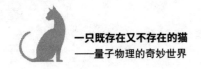

理：不可能同时知道粒子的速度和位置。实际上，粒子不可能在同一时间拥有这两个特质！看，这不是"技术"问题，而是现实的内在特征。在数学语言中，海森堡的分裂思想体现为一个看上去不起眼的不等式：$\Delta x \Delta p \geq h/2$。不等式中，$\Delta x$是位置平均值的分散性，$\Delta p$是动量平均值的分散性。

——我觉得头很疼，亲爱的凯特……

——慢慢来，慢慢往前推进。平均值的分散性是一个极其简单的概念。假设你在测量许多处于同一条件下的电子的位置。比如说，使用发射器以相同速度射出电子，让它们从同一缝隙中通过，并在屏幕上留下印记。假设我们用一台网球发射器发射电子，留下的印记也会是相同的。不是所有电子都能击中同一点的，对吧？在最容易被击中的位置附近会有很明显的"分散"。如果你测量中心点到每一个电子的距离，再计算平均结果，就会得到Δx。类似的，时刻p也是如此计算，即用质量乘以速度。Δx越小（几乎所有电子都聚集在中心点附近），Δp越大。

——所以说呢？

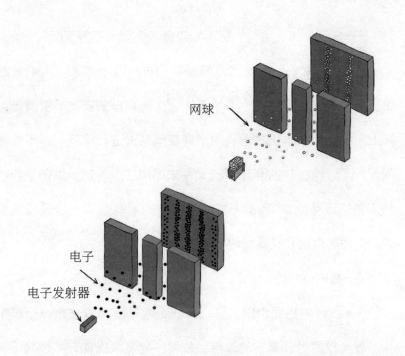

网球

电子

电子发射器

——呼！就是说，粒子在空间中越紧密，速度的概率范围就越大。比如只有一个粒子出现的情况。反之亦然，速度越相似（Δp很小，因为速度值"聚集"在平均值周围），电子就会更"分散"在一个更大的空间，比如波就是这样。

——不过，我应该被这个原理搅得心烦意乱吗？这应该无关紧要吧，天又不会塌！

——我真想给你脸上来一爪子，以示惩罚，但我知道我要对你有耐心。你先听我讲剩下的故事，再看看它是不是非比寻常！呼。

——好吧，您别生气，您不知道焦虑会让人不舒服吗？

——那你就别让我焦虑，好好听我讲。几十年来，人们对海森堡原理一直争论不休，许多学者认为，海森堡的表述不够清晰。实际上，在初始版本正式发表后，海森堡从未进行解释，也不曾继续深入，不过他在1927年出版的文件末尾添了一句话，试图把我们拉到正确的道路上："我们无法认知现在的所有细节，这是原则性问题。"你明白这和经典物理学之间的隔阂了吧？

——嗯……

——在经典物理学中，你选择一个粒子，想象它是一个极小的球，就可以同时计算它的速度和位置，要多精确就有多精确。事实上，在经典世界中，决定论是处在最高地位的。还记得吗？你可以计算任何事物的"未来"：100年后那个行星会出现在哪里，速度是多少，彗星坠落在火星上，碎片会飞向哪里，陀螺转多少圈才会停止转动（只要了解运动中所涉及的力）。相反，在疯狂粒子形成的微观世界中，并不存在什么至高无上的严格法则。电子不再类似于"小球"，而是一个无法被完全认知的实体。你有没有意识到哪里奇怪？我们这个世界的本质跃然而出了！海森堡对自己的设想十分满意，迫不及待地想等玻尔度假回来和他交流，然而糟糕的事情来了。

——哦，不，可怜的海森堡，他让我……

——让你心软，我知道的！可怜的海森堡让你们这些两条腿儿的女人动容了。

——凯特，得了吧。

——呼……我们继续。与此同时，玻尔虽然在度假，大脑却没有停止工作，他成功研究出了互补性原理。

——我的头更疼了。

——你可别想着现在就打断我，两条腿儿！

——我完全没这么想过，请继续吧。

该死，我本来想让它休息一下，可是看到它背上的毛直立起来，有那么一刻，我甚至害怕它会跳到我的脖子上！

——据玻尔所说，互补性原理可以帮助人们跳出二元性的泥潭：实际上波和粒子是同一枚硬币的两面。并不存在某一个实验可以同时展示出这两个面，我们看到的是波还是粒子，取决于我们选择哪一种实验。你知道这件事有多震撼吗？

——嗯……是啊……嗯……

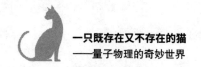
——你想想。这意味着我们永远无法看清事物的内在本质。这些神奇的物质都有双重属性，它们注定不会完整地显露出来，而是一次只透露一面。关于这一点，哲学家可以给你提炼出不少内涵，好像天上的星星那么多！

——我大概开始嗅到这件事古怪的气息了。

——两条腿儿，支起耳朵，用脑子听！一些粒子通过实验设备以后，就会表现为波；而电磁波经过仪器后，又会表现为粒子！你知道玻尔的理论有多厉害了吧？这意味着我们对于现实理解的整个观点都被动摇了，意味着在观察者和其所观察的现象之间竖起一堵墙是不可能的。如果你观察（即测量），就会给你正在测量（即观察）的东西造成干扰。这似乎是不可能的，因为在日常生活中不会发生这种事情：你看着我，我不会发痒，不会有任何反应。量子世界就不一样了。你让一束电子通过两个细缝，在出口处你会看到屏幕上出现干扰波的经典图像！正如玻尔所说，我们永远也不会知道什么是光。我们只能问自己，它的表现形式是粒子（光子）还是波（电磁辐射）。这同样适用于电子和其他粒子，比如，质子、中子，等等。

埃尔温·薛定谔

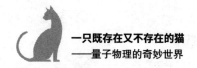
——我开始感到困惑了！

——很好，看来你的驴脑袋终于听进了点东西。玻尔度假回来后，在海森堡的原理中找到了他这一想法的佐证。

——啊，太好了，海森堡会很开心的！

——噢，并没有，恰恰相反！

——怎么这样！物理学家总是这不满意，那不满意，从不满意！这次又是什么问题呢？

——玻尔认为海森堡的不确定原则是一条清晰而强烈的信息，支持了量子世界的不可见性。它体现了物质与辐射的波粒二象性，是"亦此亦彼"的规则，它解决了用什么以及如何解释结果。海森堡则给予了他的原则一个更为深刻的意义——证明了继续谈论轨迹和位置是毫无用处的。如果不能在原子级上描述世界，继续提出经典物理学概念又有什么意义呢？何必还要坚持呢？

——海森堡从来就没有满意过！

——天才的个性总是很偏执！我们再回过来讲玻尔。通过普朗克-爱因斯坦方程$E=h\nu$和德布罗意方程 $p=h/\lambda$，海森堡得以确认了波粒二象性！如果你仔细观察，会注意两个方程都有一小"段"具有波的特征（比如波长λ和频率ν）和粒子的特征（如动量p和能量E）。不仅如

此，海森堡的出发点是，电子穿过轨道就如同汽车穿过马路，研究它毫无用处。与海森堡不同，玻尔一开始就先论证了电子的波动性这一方面，成功地得出了不确定性原理。你还记得吗，海森堡是从云雾室的痕迹"幻象"开始的⋯⋯

——啊，是的⋯⋯所以呢？

——海森堡对玻尔感到非常生气，他批评玻尔对不连续性过于"狂热"，忽视了波的力量！其实是海森堡没有迅速领悟到，他的理论就是波粒二象性的产物！现在我们把场景转换到科莫！

——噢，那座美丽的伦巴第湖边小镇？那里有一个超棒的冰淇淋店⋯⋯

——两条腿儿，控制住你胃的本能，听我讲。那是1927年9月20日，为了纪念伟大的亚历山德罗·福特去世一百周年，召开了国际物理大会。玻尔在大会上介绍了新物理学的总体情况，海森堡在1955年将其称之为"哥本哈根解释"。隐藏的现实很难让人接受：在许多实验当中，粒子都表现得像波一样，但在另外一些实验当中又恰恰相反。没有人可以计算"未来"，只能预测可能性。"自然真的可以如此荒谬吗？"海森堡夜里散步时暗自思索。玻尔的答案是肯定的，他提出了不确定原则，并为之罩上了一层

哲学的外衣——我们对某件事物的外表知道的愈多，在其他方面知道的就愈少。

——我的头痛也会达到这样的程度吗？我觉得是！

——两条腿儿，你回家去吃点药吧！

我伸伸懒腰，打了个哈欠，按摩起太阳穴。我真的太累了，脑子里似乎有一个装满微粒小鱼的大缸，里面全是量子波。我觉得今晚我肯定会做噩梦的。

——不，亲爱的凯特，我不想回家。我知道您还有故事要讲给我听，要是我们现在中断思路，神奇的故事就支离破碎啦……

——其实我想问你个问题来着。

——噢，我得先提提神才能回答你。

——为什么在我刚才给你讲的实验当中，电子没有绘制出干扰图像，而有两条裂缝的时候又显示出了电子波的形态呢？

——呃……但……咳……我……

——两条腿儿，你的大脑很明显已经背叛你了，还是让我来告诉你吧。你看不到量子效应，因为你知道电子会从哪里通过，它只

会经过唯一一条裂缝。你准确地了解它通过的位置，就不需要再去标记它可能出现的面目。当你有两条裂缝的时候，你不知道电子发射出去以后会从裂缝1还是裂缝2出去，这就是不同所在了。

——啊，原来如此。这就是在掷骰子啊。我的头要爆炸了。

——你知道是谁深受玻尔的观点所影响吗？是泡利！

——啊，是的，泡利不相容原则，也就是说电子不能在核周围随意聚集……

——没错。1948年，泡利写了一篇文章，其中引用了精神分析学中的互补概念。他说，意识或无意识与波或粒子相对应：深入了解无意识，你会得到意识的结果，但你自己却不知道……

——真是引人入胜。现在我想了解更多关于精神分析学的内容。亲爱的凯特，您的讲述真的打开了我的心扉，而且还是大开！我们明天再见？

——好奇怪的问题，谁能保证会不会有明天呢？

幸运的是，这个问题不需要答案。凯特朝着厨房远去了，我爬回家，做梦都想着吞下头痛药的那一刻。

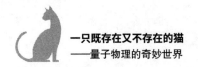
我的笔记

·薛定谔的波还是海森堡的矩阵：这两种数学观点，哪一个能更好地描述量子呢？

·波的观点发展态势良好，这让海森堡非常生气。他坚信，执着于用轨道这种经典概念来描述量子世界是毫无用处的。

·一天晚上，海森堡灵感乍现，发现了不确定原则：无法同时测量一个粒子的速度和位置。这仅仅只是因为粒子在经过测量以后才能拥有准确的速度或是位置。

·玻尔引入了互补的概念：一个可以揭露光或物质的波形式和粒子形式的实验。

·1927年，在科莫举行的国际物理大会期间，玻尔表达了他的量子观，这在历史上被称为"哥本哈根解释"。

第八章　比光还快？

创造力最重要的不是发现前人未见的，而是
在人人所见到的现象中想到前人所没有想到的。

——埃尔温·薛定谔

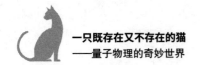
今天早上，我一直在全神贯注地想事情，鼻子差点撞到了红绿灯。我回想着玻尔，海森堡，概率，波，粒子和它们的速度……谁要是认为物理学是由计算和冰冷的公式组成的，他就大错特错了。还有一件现实的事情：即使是我们认为理所当然的事情也会受到质疑。比如说，我的眼睛看到我脚上的那双鞋，但是……我所看到的东西是真实的吗？成千上万个原子组成了我的鞋子，它们都是一种神奇的对象，波和粒子。我的脑子都快冒烟了。走到薛定谔家门口，我就已经累了。

嗯，我想我会请莉迪娅给我一份早餐。是啊，这会是我今天的第二顿早餐，但是物理学让我很饿！我按响了门铃。

——早上好，莉迪娅，今天怎么样呀？

——一切都好，谢谢您，小姐。您今天稍微提前了一点，需要喝些什么吗？

真是个善良的女人，一下子读出了我的心思。

——好的，一杯咖啡加点牛奶……如果您这里还有杯子蛋糕的话……

——当然！跟我来，凯特也在这里，它在吃早饭呢，今天吃水煮鸡胸肉。

我走进厨房，食物的气味像一条隐形的缎带，一直蜿蜒到我的鼻头：是杯子蛋糕上的奶油味、杏子酱味，还有莉迪娅正在用咖啡壶加热的咖啡味。我弯下腰来抚摸凯特，但它吃得专心致志，一秒也没有抬起头来。既然如此，我就继续抚摸它啦！莉迪娅的小甜点太美味了。她似乎把质子、中子和电子都放进了烤炉，没人能做到她这样！

美食时刻结束了，我跟着凯特进入小客厅，等待它决定好待在哪个位置。不过它的位置还是和往常一样，在扶手椅上。

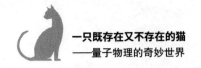

——亲爱的凯特，早上好。一切都好吧？

它嘟嘟囔囔的，发出一声含糊的"嗯"，专心清理着自己：它把前爪举到和头一样高，舌头从爪子前端一直舔到紧闭的双眼，还有脸颊和嘴角，舔得小心翼翼。它停住了，半睁着眼打量我……然后又从另一边开始舔起！直到最后，它才开始讲课。

——两条腿儿，昨天我们把玻尔丢进战壕里了，他得勇敢地捍卫哥本哈根解释，对抗他的对手，很难找到比这位对手还要聪慧的人了，他就是——阿尔伯特·爱因斯坦！

——该死，玻尔总是这般无所畏惧！换作是我遇到爱因斯坦，他告诉我地球是方形的，我也会毫不迟疑地相信他。

——玻尔确实像你口中那样，牛脾气，固执得很，而且他的天赋也不比爱因斯坦逊色。在1927年至1930年间，爱因斯坦开始攻击玻尔，提出了几个心理实验，以证明量子理论是有缺陷的（更确切地说，就是物理学家口中的需要完善）。不过玻尔在泡利和海森堡的帮助下，总能成功拆解爱因斯坦的见解。谁才是最厉害的物理学家呢？这个问题不仅仅关系到他们两个人而已。1931年，斯德哥尔

摩委员会必须授予某一个人诺贝尔物理学奖，但却无法决定最终获胜者，第二年也是如此。海森堡的矩阵力学比薛定谔的波动力学问世要早，但薛定谔的理论更为科学界所偏爱。泡利呢？该把他放在什么样的位置呢？那么保罗·狄拉克呢？保罗是英国物理学家、数学家，他把量子物理当中的数学体系化（甚至引入了全新的量子学专用符号），当然也不能遗忘他。1933年，问题终于得到了解决，11月颁发了两个诺贝尔物理学奖，1932年的属于海森堡，而1933年的由薛定谔和保罗·狄拉克共同获得。

——哇！我们这些朋友都获奖了！

——很可惜，并不是这样。玻恩完全被瑞典学院忽略了！直到1954年他们才弥补了这个错误。我们再回到1933年，那一年，西方世界进入了最为黑暗可怕的时期之一：纳粹主义在德国兴起了，爱因斯坦也没有幸免于种族规定，他在美国宣布，自己再也不想回到德国了。玻恩也是如此，他对于事态的演变十分厌恶，离开了德国，先是前往剑桥大学执教，后来又去了爱丁堡大学。

——我们这群聪明朋友都分散开了……

——不幸啊，确实如此。海森堡似乎与政府合作制造核武器，但这事儿很模糊：他其实一直反对第三帝国，试图传递信息给美国人，

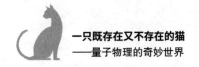

这种说法的可能性更大一些。1943年，玻尔被迫离开哥本哈根，因为尽管他没有宗教信仰，但他的母亲是犹太人，纳粹决定逮捕他。玻尔先设法逃到了瑞典，然后逃往英国，最后到了美国。在美国，他加入一群学者，参加了著名的曼哈顿计划，成功造出了原子弹。薛定谔也反对希特勒政权，离开了德国，1933年，他来到了牛津大学，在那里一直待到1936年。

——终于讲到这儿了！要讲到您那位传奇的猫亲戚了！

——我的亲戚是一场冲突的结果，是1935年那些天之奇才论战的产物。我来讲讲发生了什么。杂志《物理评论》上发表了一篇文章，玻尔气得肺都炸了。这篇文章的标题是《现实的量子描述是完整的吗？》这种说法温和而有"技巧"，意思却是：你也太蠢了吧，竟然相信那些权威！那些哥本哈根的权威，是吗？

——到底是谁写的这篇文章？

——三位科学家：鲍里斯·波多尔斯基、纳森·罗森和……

——和……

——爱因斯坦！有那么一小段时间，公众对他们的论战特别感兴趣，热情几乎和追足球比赛一样高涨。1935年5月，甚至连《纽约时报》都专门用了一个版面来讲述这场比赛，人们再一次看到了

物理和哲学在一起讨论现实的意义。

——要命，要是我当时在就好了!

——想象一下，他们会擦出怎样的火花!爱因斯坦心性有点高傲，他非常厌倦媒体的关注，强调说，这些东西应该在合适的地方讨论，而不是由一群门外汉指指点点。

——好吧，这话可真不讨人喜欢。

——是啊，爱因斯坦最初为量子学的发展做出了不少贡献，但现在却避之不及。他说量子学不起作用，完全不适合用来描述现实，因此他和另外两个同事联合发表了这篇文章，描述了一个名为EPR的心理实验，实验名取自三位科学家姓氏的首字母。

——这实验是什么内容?

——在讲述这个实验之前，我先简要介绍一下爱因斯坦和玻尔之间分歧的要点。第一，在大自然中，光速是最快的。这个事实非常重要。如果我和你分开，比如，你在仙女座，我在地球上，我们无法瞬间进行沟通。要互相交流信息，我们都要等一段时间，等待脉冲（光或无线电）从你家传到我家。脉冲就像一个由电磁波制成的邮差。清楚了吗?

——我明白。如果太阳爆炸了，我们也要隔八分钟才能看到，因为光从太阳到达地球需要那么长时间。这是一样的道理。

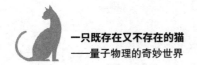

一只既存在又不存在的猫
——量子物理的奇妙世界

——没错。这意味着你在仙女座，我在地球上，我们之间没有任何形式的联系。

——您是在说"猫山"吗……啊哈哈哈哈！

——两条腿儿，你还好吧？莉迪娅娅娅娅娅娅，给两条腿儿拿块糖吧，她好像低血糖了！

——我只是在开玩笑。继续讲吧，求您啦。我们刚才讲到仙女座！

——无法即时通信的事实是爱因斯坦的立场原则。换句话说，一个对象无法立即影响另一个对象。哥本哈根学派却认为当远处存在某种活动，尽管粒子被光年分开，一个粒子却总能立即"知道"另一个粒子在干什么。另外，第二，如果我可以确切预测到某个物体将处于精确位置 x，那就意味着我测量的位置是真实存在的，在测量之前，它就已经是现实世界的一部分了；然而对于量子力学的崇拜者来说，粒子的速度和位置只会在测量瞬间变成现实。最后一个要点，爱因斯坦认为，那些用于测量的仪器，比如，测速器，只能呈现原本已经存在的东西，这与速度是否被测量无关。爱因斯坦坚信，实验者不会对测量造成影响，他与他想获知的信息是"分离的"。观众在剧院观看表演，也是同样隔着一段距离来衡量现实。

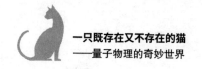
故事是鲜活的，它向前发展，并不会考虑观众是否正在专心致志地观看、倾听、跟随。玻尔的想法则恰恰相反，他认为测量这一行为与我们想要测量的对象是一个整体。好比剧院的观众坐在观众椅上观看、倾听、感受……融入故事，他们在那一瞬间就会成为这场表演的一部分。这并不是因为仪器不适合，或是实验者笨手笨脚，想用女裁缝的尺子来测量蚊子的长度，而是因为当涉及粒子或波时，仪器就好像与它们融为一体了。结果呢？电子的速度，或光子的自旋，或者是别的，都会在它们被测量时变为现实存在的东西。

总之，这就是他们各自的立场，爱因斯坦和玻尔在这座角斗场上争论。谁赢了呢？年轻量子物理学家的可信度是一方面，"经典"物理学无可争议的牢固性是另一方面。这不，爱因斯坦朝玻尔的肚子打出了第一记重拳：EPR心理实验。

——凯特，我有点担心，我支持玻尔！

——听好了，跟好我的节奏，因为我们现在要走进更为纯粹、更加挑剔的量子世界。我们拿两个盒子，一个盒子里放左手套，另一个放右手套。现在我们把盒子打乱，然后给你其中一个，你拿到左手套的概率会是多少呢？

——我觉得是1/2，就是50%。

——没错。现在想象一下自己打开盒子，假如发现你拿到了右手套，你觉得我还需要打开我的盒子确认我拿到的是不是左手套吗？

——不，很明显不需要！

——所以我肯定剩下的盒子里关着左手套。在这种情况下，我们拥有可以测量的显示特征，左或右。同样的，粒子也有这个特点：除非有人可以测量它们，它们既有左边的，又有右边的。现在我们继续吧。

——继续？我的脑袋已经开始发烫了！

——才讲了这么点儿就不行了？

——好吧，亲爱的凯特，您的早餐、午餐、晚餐都咀嚼着量子，可我是个新手，您得对我有耐心！

——要是我的毛分叉了，我会有足够的耐心……把它们全部消灭！你集中精神，让我继续讲。想象一下，如果用两个粒子A和B分别代替两只手套，EPR三人组说，他们可以在不"碰"B的情况下测量A的速度，就和我们之前测手套的做法一样。这就是初始状态：一开始，粒子A和B会相互作用一段很短的时间，有可能是因为它们是一个更大的粒子粉碎形成的。目前为止你能听懂吗？

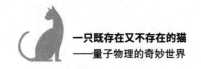

——能！

——EPR说："如果我测量A的速度，就自然知道了B的速度，这都要归功于节能原理。"就好比说：我有一个银行账户，但我把它注销了，又重新开了两个账户，把原来的总额分别存了进去，比如，A账户存30%，B账户存70%。如果我知道A账户中的金额，那么也能知道B账户中有多少钱。同样的，如果我准确测出A的位置，便能推断出B的位置。因此，EPR三人组说："看见没？！粒子B的速度或位置都是精确的，我们甚至不需要用测量仪器触碰它！所以无论测量方法如何，速度和位置是'真实'存在的。记住这点，玻尔！"

——他们怎么敢这么说话？不知道为什么，但我有点讨厌EPR这些人！那玻尔怎么回击的？

——玻尔变得焦躁不安。他不分昼夜，苦思冥想了六个星期，寻找反击EPR的正确方法。泡利从苏黎世给身在莱比锡的海森堡写信，称罗森和波多尔斯基"不是好的合作伙伴"，想请求海森堡给出解决方案。最后……

——最后怎么样啦？别吊我胃口！

——又发生了一场争论，玻尔没能说出他想说的东西（后来，

他承认自己也不清楚答案!），但两个人的立场都显而易见了：玻尔不支持爱因斯坦对"现实"的解读。对玻尔来说，实验者和"被实验者"组成了一个整体，荒谬的是，没人知道它们的边界是什么。正如那句话：舞台和观众是一体的。因为粒子A和粒子B一开始是一个整体的系统（它们相互影响，比如互相碰撞），A和B继续成为单个系统的一部分，所以测量A也意味着测量B；因此，在那一瞬间B也拥有某些特定的值。爱因斯坦听得鼻子都快喷火了！

——当然了，爱因斯坦觉得粒子不可能瞬间连接，不然这就意味着信息传播速度比光还快了！太令人震惊了！

——然而量子物理学证明A和B之间存在一种"纽带"。如果A取一个特定的值，那B就好像"知道"自己要取哪一个值才能补回来！

——难以置信。

——爱因斯坦指责玻尔及其追随者的观点，取笑他们相信虚构的"伏都教力量"和"远距离闹鬼"。

——亲爱的凯特，我们都快忘记薛定谔了。他怎么看待这场论战呢？

——尽管薛定谔对量子力学做出了决定性的贡献，但他仍然站在爱因斯坦这边，和哥本哈根解释保持距离。

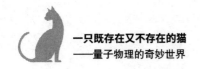
——不！

——唉，是呀。薛定谔第一个用"紊乱"这一术语描述粒子相互作用以后远离彼此，但仍然"以某种方式联结"这种神秘的联系。在书中，他也用了英文术语"纠缠"。

我抬起头，看着凯特，放下了笔。恍惚间说道：

——哦，亲爱的凯特，这一切真是太……太……太浪漫了。

——哎？啊，我明白了。莉迪娅娅娅娅娅娅娅娅，打电话给医生，两条腿儿已经疯疯疯疯疯疯疯了！

——亲爱的凯特！两个粒子相互作用，永远纠缠在一起，就像两个相爱的人一样，连距离都不能削弱他们的爱情！我陷入这种情感了，你明白吗？

——两条腿儿，你要是这么累，我们今天就到此为止吧！

——不要，不要。我很好。您继续讲，只不过……哎，没什么！

——我们终于要讲到关键点了：埃尔温·薛定谔提出的猫的悖论。

——哇哦，终于讲到了！

——悖论给了哥本哈根解释的核心最后一击，也是决定性的、

致命的一击。1935年6月至8月，在爱因斯坦的影响下，施罗丁格与其通信多次。现在我来讲他们讨论的内容。想象你拿着一个盒子，里面有一只猫和一套装置。一个装满原子的容器，里面的原子既有衰变的可能性，也有不衰变的可能性。在一个小时内，它可能会衰变，也可能不会衰变。如果衰变了，装置就会激活，打破一小瓶毒药，把猫杀死。

——噢，好可怜。

——嗯，是啊，这个例子相当残酷，不过它只是一个思想实验。不用担心，猫猫连一根胡子都没有受伤。

——那发生什么事了？

——薛定谔希望通过这个例子，揭露哥本哈根解释中最牵强的方面。事实上，按照量子学的说法，只要没有人打开盒子验证（即观察，也就是"测量"现实），我的同类就会活在双重状态下。也就是说，它既活着，又死了。如果确实只有在测量时，某些东西才变为现实，那么就可以说我的亲戚处在这种双重状态。这是矛盾的。爱因斯坦幸灾乐祸：猫的悖论就是量子力学无用的证明！

——天哪。

——滑稽的是，这个悖论在认识论领域也经过了讨论，并且得到了

解决。

——嗯，什么意思？

——也就是说从哲学角度解决这个问题。许多科学家对此进行了讨论，直到今天，猫的悖论在那些爱好者当中仍然是一个很火的讨论话题！

——所以呢？简单来说？

——简单来说，一只猫既活又死这种想法是错误的。我们会把经典物理和量子物理随意混淆，就好像……吃肉酱意大利面配梨子似的！

——看来薛定谔大错特错了！

——从某种意义上说是这样！他想嘲笑量子力学，但却举了一个不成立的例子，因为他选取了宏观的对象（猫），把它和量子现象（核衰变）混淆了。谁是这个实验的观察者呢？谁来打开盒子，还是猫自己打开？显然出现了双重认知，也就是猫既可以死，又可以活这一信息。正如一个粒子可能只有在被测量后，才能拥有向上或者向下旋转这种特性。在这种意义上，猫在难以接近的量子世界里既死又活。换句话说：猫既死又活的重叠状态不是物理现实的一部分。这就是测量之前，粒子身上发生的事情。不要觉得实验的结

果"活"在暗盒一隅，事实上，在测量之前，它们根本就是单纯的不存在。

——嗯？我不太懂。

——关于伟大的玻尔是什么想法，就不要再纠结了。哥本哈根解释的核心是测量行为。中子和光子只有在测量时，才会变成"现实"，好比我和你在这里，这把扶手椅，还有所有其他东西，都可以称为"现实"。粒子只有被测量时，才会"活"在重叠状态。每一层都可以由一个波函数代表，最后再用概率进行分析。再说回我那位被装进盒子里的亲戚——它的波函数表明，它有50％死亡的概率，也有50％活下来的概率。那么如果我们考虑换成电子，量子学表明，电子会由一组波函数描述出来。刚才提到的那位科学家用工具完成了测量，他的行为就像一只针，戳爆了所有气球，只留下一个：波函数崩溃了，只有一个幸存下来，幸存的那个就会提供有关位置或速度的信息，抑或是电子的旋转等这些可以被测量的特征。预测哪一个波函数能幸存下来是不可能的，正如不可能知道衰变什么时候，如何发生。未来的不确定性支配一切！

——凯特，我不知道说什么好……真是一不小心脑袋就糊了！一会儿有粒子，一会儿又没有，测量出概率……除非我亲眼看

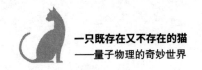
着……远距离的联系……妈呀。

——人们从未停止过对量子物理学的讨论：直到今天，仍有争论与疑虑等待解决。例如，波函数的崩溃是如何发生的？为什么会发生？一些人认为不存在波函数的崩溃，但却存在其他宇宙的瞬间"创造物"，每一个波都有一个对应的"创造物"。那么为什么我们只能看到一个波呢？因为其他波都成了我们无法进入的宇宙之"分支"。这种波的解释显然不符合玻尔的思想，因为它不需要观察员在场；因此所有宇宙论学者都很喜欢这个话题。

——这和宇宙有什么关系？

——试着闭上双眼，想象再过一会儿就会发生宇宙大爆炸了……如果没有人在观察，那么宇宙的波函数会发生什么呢？

——噢！真迷人。亲爱的凯特，我一直在思考这一连串事件，神经超负荷工作，实在太累了，但我现在还不想放弃，我想回到"纠缠"的话题，回到EPR心理实验上去。从来没有人真正观察到纠缠吗？

——当然有！爱尔兰科学家约翰·贝尔，他是一个善良、谦虚、诚实的知识分子，所有同事都很喜欢他。20世纪60年代早期，他重新研究起"EPR案"，发现它并不像业内人士所说，是一个"悖

论"。饱受讥笑的EPR"纠缠"可能是真的。就像薛定谔的猫所遭

受的那样，那些污蔑哥本哈根解释的人想要揭露"悖论"……但根

本不存在悖论。

——所以呢？

——贝尔提出了一个选择定理：要么量子理论是正确的，要么在

微观世界中，位置并不紧要，或者说量子学是一个不完整的理论，爱

因斯坦是对的。到目前为止，实验往往能够证明量子学的正确性。正

如法国物理学家艾莱恩·艾斯佩特在1982年所展示的那样，纠缠是一

个真实的现象。

——好家伙！真是犯了大错！那玻尔和爱因斯坦1比0了。可是

亲爱的凯特，我又有疑问了。我们可以利用量子纠缠在一起这种现

象来进行比光速更快的交流吗？也许有一天可以发送超级邮件？

——如果要用这种方法进行交流，那么就需要利用一种摩斯密

码：用点或线来表示上或下旋。为了进行交流，在测量两个粒子的

其中一个时，强制得到某个结果，利用这个结果来"影响"另外一

个粒子，这种做法是不可能的。例如：我不能奢望在测量A电子的

时候强制它"上"旋，从而与测量"下"旋B电子的人实现即刻交

流。这是不可能的，如你所知，第一个测量结果总是随机的：你可

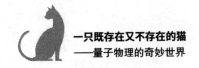

以预测结果的概率，但那不一定是你最终得到的结果。如果信息的传输没有事先体系化，你就无法发送即时信息。你心爱的玻尔给出的解释留下了一些悬而未决的东西，但是仍有一些物理学家支持他的解释，拒绝接受多宇宙论。不过关于这一点，我们明天再说。我的意思是，今天就到这儿吧。

我睁大双眼站了起来，走近扶手椅，蹲下来看着凯特的眼睛，说：

——今天……到这里就结束了，是吗？

——是啊……

凯特起身打了个呵欠，我看到了它粉红色的下颚。

——凯特教授，我有很多问题要问您！

——好的，不过明天是最后一天了。两条腿儿，之后你就带着你的波函数、衰变到其他地方去，好吗？

——好的！

　　我从凯特家离开时，发现风衣边上有一小块灰尘污渍。我尝试用手清理衣服，心里想着，也许在一粒小小的尘埃里，也有整个宇宙呢。

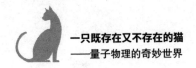
我的笔记

· 从1927年起，爱因斯坦就竭尽全力地反对哥本哈根解释。1935年，他发表了EPR心理实验，强调了粒子之间超光速进行远距离交流之荒谬。然而这有点可笑：这种交流其实是真实存在的。

· 1935年，同样也是为了嘲讽哥本哈根解释，薛定谔提出了盒子里的猫这一实验，但因为出现了问题而饱受诟病。

· 20世纪60年代，爱尔兰科学家贝尔证实，粒子纠缠并不荒谬。

· 1982年，法国物理学家艾斯佩特也表明，粒子纠缠是真实存在的。

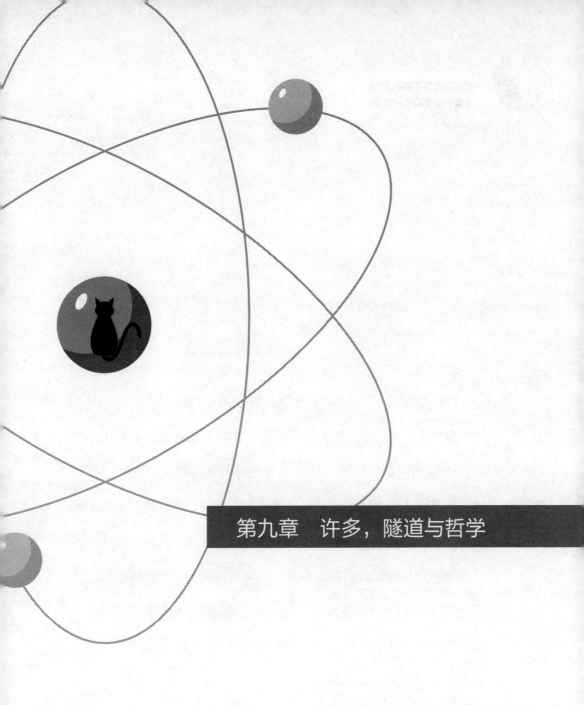

第九章　许多，隧道与哲学

物理学定律必须具有数学美。

——保罗·狄拉克

我有点难过，这是听凯特上课的最后一天了。

走到凯特家，莉迪娅为我打开门，笑容一如往常。新鲜出炉的杯子蛋糕的味道如同一个无形的拥抱，向我袭来。厨房是必经之路，但我今天却不太想聊天。凯特不在，莉迪娅告诉我它出去帮姐姐照顾孩子了。怎么"帮"？又不需要送小孩去幼儿园！好吧，也许是猫咪的社会比我们想象中要井井有条。我脑子里思绪纷飞，我不再去想，起身往客厅走去。这里20世纪30年代的氛围真的很舒适，以后我也会想念的。哦，我的教授来了：它从面朝花园的窗户进来了。

——抱歉，两条腿儿，我迟到了，可是一旦有了孩子，永远也不知道会发生什么。今天早上我姐姐过来找我，特别绝望，她丢了

一个小宝宝。后来我们听到了一阵悲伤的喵喵声，是它，就在几米之外。它爬上了灌木丛，但却下不来了。多傻呀……

我微笑着，等待它坐好在扶手椅上。

——两条腿儿，我们今天讲什么呢？

——嗯，听完量子物理学的主要观点之后，我准备了一些问题……

——很好，亲爱的。你有什么问题呢？

——好可惜啊，今天是最后一天了。

——得了，现在就别想这个了，我们还要一起度过一整个上午呢。开始吧。莉迪娅，可以给我带点牛奶吗？

我打开笔记本，读起第一个问题：

——量子主导微观世界，经典物理学主导宏观世界：那到底是从哪边开始，哪边结束的呢？

——给你一个特别科学的答案：呵呵。

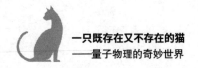

——为什么"呵呵"？

我看着它的眼睛问。

——许多物理学家都在绞尽脑汁地填补哥本哈根解释所留下的漏洞，这些漏洞当中就有与宏观世界有关的——为什么宇宙中那些一般或者巨大的物体不"回应"量子定律呢？一些人支持多宇宙论——实际上，每一样东西都像粒子一样，由一系列波函数表示，但它们并不衰变，每一个波函数都会存在于另一个世界，从而产生无尽的宇宙。比如说，这会儿我可以问自己，要不要起来吃些杏仁脆？这时候就有两个宇宙诞生了：一个宇宙中我起身填饱了肚子；而另一个宇宙中，我还坐在这里对着你喵喵叫。

——这听起来不太可能。我觉得这太浪费精力了。

——两条腿儿，也许你说得对。这些理论试图解释为什么我们的世界显得如此"规律"，其中最有趣的理论之一是由英国数学物理学家罗杰·彭罗斯爵士提出的，他重新提出了重力。

——我想起来了：我们这些天从来没有谈论过重力。

——确实。其实是因为在原子领域，重力实在太弱了，所以可

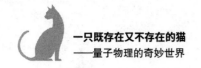

以忽略不计。可是考虑到人体、球、冰淇淋或者汽车，就不能再假装引力不存在了。基于这个观点，彭罗斯认为他可以找到解开这个谜团的关键所在——测量微观世界时，经典物理学会变得近似于量子物理学。这有点类似于牛顿运动定律的作用，牛顿定律可以很好地适用于移动速度与光线相比可忽略不计的物体，比如一只猫，或是一辆汽车、一个人。你可以忽略相对论效应和粒子的经典效应，这些粒子的移动速度接近或等于光（不到300 000千米/秒）。

——彭罗斯这位天才提出了什么呢？

——正如爱因斯坦在他的广义相对论中所说的那样，重力是变形的表现，由三个空间维度和一个时间维度构成的时空变形。不过，现在想象一下你生活在一个二维空间中，如同生活在电影或照片中一样。爱因斯坦说，这时你的空间就像一张铺开的床单，它是有弹性的。如果你在它上面放一个足球，球的质量会使它变形，对吗？

——当然！

——现在不要移动足球，而是拿另一个球，比如玻璃弹球，把它放在床单边缘再松开，会发生什么？

——弹球会掉下来，朝着大球滚过去。

——所以就好像小球被大球"吸引"了似的。这就是重力，是时空变形的结果。

——啊。好神奇的故事！

——再回到我们身边。时空的变形也存在于尘埃周围，电子周围或是 α 粒子周围，但它们都太"轻"了，按照量子物理学思考，可以被忽略不计……还是不可以停下！彭罗斯如是说，错误就在这儿了。那粒尘埃处在重叠状态（有落下的灰尘，有滚动的灰尘，等等），每一层都会产生一个引力场，需要能量来保持层级的稳定，但有时会发生这样的事，维持稳定所需的能量越多，系统就越不稳定。好比说，如果一个人把我举起来，他可以稳稳地走路，没有任何平衡问题，因为我是一只猫，而不是一块巨石！如果他不得不举起一个体重100千克的人，那么举重需要的能量就相当多了，举重的那个人就会处在一个非常不稳定的平衡状态。随着时间的推移，不稳定的系统会战胜稳定的状态，因为稳定的状态能量较少。比如说，你和最大重量一起倒向地面，然后不再移动，这时候能量就是最少的。灰尘的几层状态与此类似。在不到一秒的时间内，只有一个重力场存活了下来，你的眼睛只看到一粒灰尘、一只猫、一个你自己，等等，因为这一个现实在能量上更加稳定。

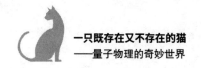
——有意思……

——维持电子重力场所需的能量可以忽略不计，而粒子其实可以永远活在重叠的状态，正如量子物理学所预测的那般。你那么重，就供不起两个重力场了，需要的能量太多了，所以彭罗斯计算了你有可能拥有的层级的衰变。简单来说，就是除了最后剩下的那个，其他所有层级的衰变。

——可是彭罗斯的论断表明，波函数都是真实的函数，也就是一些真实的物理对象，而不是概率的"持有者"！

——不错嘛，两条腿儿，你说对了。这就是多宇宙论一开始提到的观点。

——可是真的有必要把相对论和量子力学统一成一个理论吗？如果让它们保持分离的状态，会发生什么呢？一个适用于宏观世界，而另一个适用于微观世界！

——那如果微观宇宙和宏观宇宙混合了，怎么办？

——哇哦，比如说？

——比如黑洞物理。在黑洞中，巨大的重量都集中在一片极小的空间中，重力十分强烈，以至于光线都无法逃脱。在这里，广义相对论并不起作用，这一块空间的时空曲率趋于无穷。这时就需

要运用量子力学来解决问题了，然而量子在这个鬼地方根本无法生存。如果提及大爆炸，一切也依然糟糕。宇宙诞生于大爆炸，在这紧急关头，质量和能量混合起来，集中在火柴头大小的微小空间里，即将膨胀……相对论物理或量子物理定律对此束手无策。

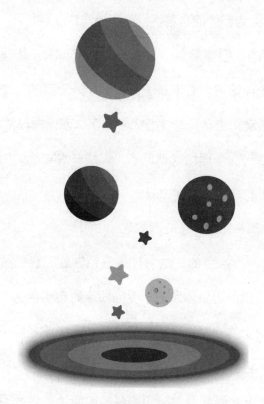

黑洞吸收星球

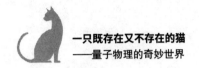
——妈呀！

——如你所见，混合是致命的。两种理论的结合也站不住脚。如今人们提到量子引力，目标就是统一微观世界与宏观世界。总之，人们也在做出尝试，一些人认为弦物理可以解决问题，这种理论非常流行。

——流行？我们谈的是科学，又不是高定女装！

——亲爱的，物理学当中也会有"风潮"的，弦理论就是其中之一。在这个理论中，基本粒子都被看作是无形的一维绳子（或是弦）引起的振动。来自哥伦比亚大学的美国理论物理学家李·斯莫林指出，问题在于这个理论太抽象了，无法开展实验。如果无法进行实验，那么还能把它考虑在内吗？

——我们现在完全处在哲学的氛围中了！

——当然了，亲爱的，这有什么好惊讶的？我们这些天谈论了一大堆哲学问题。比如你发现了爱因斯坦的现实主义，它批判了量子物理学不明确的一面。爱因斯坦认为，电子或是粒子其实具有一定的先验值，它可以在许多值当中取一个值，无须等待某人测量。

从这个理论发展到哥本哈根解释的唯我论的过程很简单：唯我论者认为，你可以感知到自己的意识所"创造"的东西。比方说，

如果你"观察"一个电子，那么你的行为就会导致它的波函数突然崩溃，你"创造"了它的速度或是位置。

我们也面临过反对量子力学的实证主义。实证主义者认为，现实就存在于那里，在我们之外，十分客观。这种观点与那些"丹麦天才"的想法截然相反。

总之，量子力学给那些仍在沉睡的物理学家带来了极大的震动，他们认为没有什么可以发现的了。我突然想起了英国作家珍妮特·温特森在她的小说《爱情对称》当中，描写我曾祖父的悖论时有趣而多彩的定义："新物理学在常识的餐桌上吃饭，在一群彬彬有礼的就餐者当中，打了一个嗝。"

——哈哈哈！有意思，量子力学就像是科学界的流氓！

——有一种观点认为，对于实验结果的预测只是概率的结果。爱因斯坦为了批判这个观点，说出了那句家喻户晓的话"上帝不掷骰子"。如果你能想起这句话，就可以直观感知到，这场论战发展得越来越深入了。顺便提一下，你知道玻尔是怎么回答的吗？"爱因斯坦不应该告诉上帝应该做什么。"

——我们玻尔可真机智！我突然想到了另外一个问题，量子物理难道只是物理学家用来展示自己的聪明才智，挂在嘴边巴拉巴拉

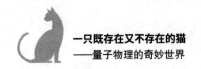

高谈阔论的东西，它有什么实际用处吗？

——你在胡说什么？！有一大堆高科技应用呢！我看到你的包里有一个mp3。你觉得没有量子，你能就这么下载音乐欣赏吗？

——嘿，别生气，我只是问问！

——你要是觉得量子力学只是纸上谈兵，我会被你气得炸毛！

我重新组织了一下语言，毫不迟疑地问它：

——在量子物理学无数的应用当中，哪些无疑让我们的生活变得更轻松了呢？

——这么问还行。故事始于20世纪30年代：半导体的研究使得第一批晶体管得以问世。1954年，美国军方制造出了第一台晶体管计算机TRIDAC，从此打开了微芯片之路，微芯片就是你们现在用的这些玩意儿的核心，笔记本电脑、手机，还有其他一些你们两条腿儿用来消遣的无聊东西。

——它们才不无聊呢！我们人类只是特别需要沟通，就是这样。您不会明白的……然后呢？

——一些美国科学家利用一种叫作"量子干扰"的现象，成功

地发明了一种能够将热量转化为电能的材料。它可以用在汽车发动机中（你有没有想到你打开你的金属盒时浪费了多少热量？）或是太阳能电池板中。还有激光束也不能忘记，是爱因斯坦为它提供了理论支持，没用他关于光量子的理论，也不可能出现激光束。

——我想我明白了。不过未来真的会有《星际迷航》中那种传送吗？

——量子传送是特别吸引你们两条腿儿的一个话题。可是你们急什么呢？你们要去哪儿？享受旅程多美啊。除非是那种要一直被关在交通工具里的旅程。不管怎么说，我还是要回答你的问题。我们要小心。柯克船长和他忠诚的船员们利用一种绝佳的效应上下"进取号"，但量子传输与之一点关系也没有。在量子传输中，没有任何物质转移。实际上，我们获得的是一个已经存在的粒子B，它"复制"而不是"传输"另一个粒子A的状态。一些物理学家批评了这个实验，因为他们不认为这是真正的"传送"。另外，他们说，B的量子态在活动前就已经存在了，所以它们只是单纯地"被选择了"。两条腿儿，你在干吗？在打哈欠吗？

——嗯，凯特，我错啦。这是我们最后一次见面，我有些忧伤，为了驱赶忧郁，我刚才吃了整整两块杯子蛋糕，可能摄入的糖

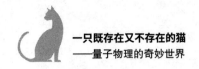
分太多了……

——我明白了，我们换个话题吧。在道别之前，你得了解一下隧道效应……

我伸了个懒腰，舒展双臂。我的脑子真的已经快融化了，但我还剩最后一丝力气，可不能浪费。我憋住了另一个哈欠，问道：

——是像走廊那样的隧道吗？

——是的。这是一个绝妙的量子现象，是乌克兰物理学家乔治·伽莫夫给它取的名字，那时他决定处理一个悬而未决的问题——α粒子的重核发射，比如铀。

——我们在卢瑟福实验中见到过α粒子，那个实验使得汤姆生原子模型让位了。

——说得对，两条腿儿！我会奖励你一碗杏仁脆的！

——说得好像你有似的。拜托啦，继续讲吧。

——原子核负担了太多能量，就会变得不稳定，为了寻找一定的"平静"，它就会放射出能量，变为具有放射性，发射粒子和光子，从而转化成一个新的核。在那一刻，我们感兴趣的是α辐射，

也就是氦原子核的排出，人们称之为α粒子。

　　然而，经典物理学并不允许这种形式的"瘦身"。α粒子由两个质子和两个中子组成，因此带正电。遇到核内其他质子，它会受到电磁斥力的影响。不过要克服联结质子和中子的强大力量，这还不够，那种力量要强100倍。就好像粒子被橡皮筋捆了起来。α一路走来，奔向自由，它来到表面，但是突然……砰！强大的引力把它拽了回去！这个弹跳游戏要进行1 038次，粒子才能成功设法"摆脱"。换句话说，粒子没有足够的能量去跳上一堵太高的墙。

　　——逃离恶魔岛般的核！这场逃亡一定很精彩……

　　——当然，这都多亏了纯粹的量子现象！α粒子虽然由四个核子组成，但它表现得却好像是一个单一的实体。它的波动方程式在墙的那边并非不存在，这意味着穿透这个障碍的概率不为0，粒子有可能存在于墙的那边，因此，我们谈到了隧道效应，α粒子似乎可以穿过囚禁它的能量之墙逃脱出去。不过你可以把α衰变看作是海森堡不确定原则的后果。

　　——哦，亲爱的海森堡，我想他了……

　　——α粒子被限制在原子核中，因此你可以知道它的确切位置。这就导致了在最后的分析中，其动量和速度的不准确。这意味

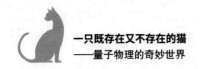

着允许粒子具有这样的高速来逃离"强大"力量的召唤！

——强大！

——是的，很强大，我刚才说过……

——不是，我本来说"强大"，只是表示"酷"的意思……

——嗯？

——没什么，我只是觉得很出人意料！

——好吧，亲爱的两条腿儿，关于惊人的α逃脱，我觉得我们已经讲到头了。

——所以？

——所以要结束了！

凯特让我措手不及。我从笔记本上抬起头来，盯着它，只好说：

——已经结束了吗？可我还有一大箩筐的问题要问您！

凯特伸了个懒腰，跳下扶手椅，又跳上了桌子。现在它就在我面前，几百米之外。它的鼻子与我保持水平，双眼紧盯着我。

　　——女人，这几天本小姐也很享受，但一切都会开始和结束。现在你可以想读什么书就读什么书了，书籍会告诉你很多其他的东西，甚至会更有趣。

　　——好吧。

　　我放弃了，低头看向笔记。

　　——嘿，等一下，您刚才说的是"本小姐"吗？

　　——是啊。

　　——天啊，我不知道猫也会……是，总之……

　　——猫也会……什么？

　　——嗯，有一些公猫会觉得自己是只母猫，所以……

　　凯特睁大双眼，瞳孔像黑夜一般，如同两个黑色的宇宙。忽然，它爆发出一阵大笑，这笑我不知道该怎么形容，但是很滑稽，介于橡皮娃娃发出的"咳咳"声和有人要打喷嚏时发出的呼吸气促声之间。

——两条腿儿，你在说什么？！

——我只是说不是所有的男性都有……有一些人是双性的。好吧……总会有这样的事情，对吧？自然是很奇怪的……

——有什么奇怪的！谁告诉你我是公猫了？

——我……我……

——噗，咳！我的名字叫苏菲，一只母猫……

——可是……可是为什么这段时间你一直让我觉得你是公猫？你总是以男性的口吻说话……

——我承认，我确实有点开玩笑。然后你就理所当然地认为我是公猫了，这个错误不应该犯的。不好意思，你是从哪里推断出我是公猫的？

——好吧，是有点傲慢的态度，以及叫我"娃娃"……还有对物理学的深刻认知。

——这就是最严重的错误了。我们确实谈论了一些进行科学革命的物理学家，他们也都是男人，但你不觉得，现在是改变这种观点的时候了吗？

——噢，凯特先生……哦不，苏菲女士，我会永远怀念我们的聊天！

——别担心，你可以随时回来。不过也不要太早，呼呼！

我们就这样道别：苏菲跳出窗户，消失在花园里。在这座花园里，薛定谔设计了心理实验来取笑自己来自哥本哈根的同事们，但他却没有意识到，他盒子里的猫会产生完全不同的效果：量子物理学那些离奇怪诞的理念，愈发引人入胜了。

我的笔记

· 物理学家彭罗斯提出了一个现实模型，可以解释为什么我们日常生活中看不到量子效应。问题的关键在于能量：从能量的角度看，同时维持多层状态所需的能量太多了。

· 一些人提出了多宇宙论：量子状态不会崩溃，而是会诞生平行世界。

· α衰变，即氦原子核的发射（2个质子+2个中子）体现了量子效应与海森堡的不确定原理，以及薛定谔的波的完全和谐观点。

· 凯特欺骗了我：实际上它是一只母猫，名叫苏菲。我会深深想念它的。

上帝不掷骰子。

——爱因斯坦

如果说我比别人看得更远的话，

那是因为我站在巨人的肩膀上。

——牛顿